站在巨人的肩上
Standing on Shoulders of Giants

TURING
图灵教育

iTuring.cn

站在巨人的肩上
Standing on Shoulders of Giants

TURING
图灵教育

Spring Cloud 实战演练

李熠 编著

人民邮电出版社

北京

图书在版编目（CIP）数据

Spring Cloud实战演练 / 李熠编著. -- 北京：人民邮电出版社，2019.9
（图灵原创）
ISBN 978-7-115-51998-6

Ⅰ. ①S… Ⅱ. ①李… Ⅲ. ①互联网络－网络服务器 Ⅳ. ①TP368.5

中国版本图书馆CIP数据核字(2019)第193619号

内 容 提 要

本书是Spring Cloud的入门书。首先，简要概述了微服务并分析了当前互联网架构趋势。其次，系统地介绍了Spring Boot的相关知识，从基础用法到核心组件。再次，从具体的案例出发，依次讲解了Spring Cloud最常用的组件，将理论与实践相结合，使读者在学习Spring Cloud的过程中还能了解一个产品从无到有的全过程。最后，结合目前最流行的容器技术，介绍了Kubernetes如何配合Docker进行系统的分布式部署。

本书适合具有一定Java基础和Spring MVC基础的人群以及希望往架构师方向发展的开发者阅读。

◆ 编　著　李　熠
　　责任编辑　王军花
　　责任印制　周昇亮

◆ 人民邮电出版社出版发行　北京市丰台区成寿寺路11号
　　邮编　100164　电子邮件　315@ptpress.com.cn
　　网址　http://www.ptpress.com.cn
　　北京市艺辉印刷有限公司印刷

◆ 开本：800×1000　1/16
　　印张：17
　　字数：392千字　　　　　　　　2019年9月第1版
　　印数：1-3 000册　　　　　　　2019年9月北京第1次印刷

定价：69.00元

读者服务热线：(010)51095183转600　印装质量热线：(010)81055316
反盗版热线：(010)81055315
广告经营许可证：京东工商广登字20170147号

序

目前,平台化、智能化、泛在化和易用化正在成为新一轮信息技术发展及信息化应用的全球趋势。在这一趋势中,平台化尤其具有基础性及战略性意义,而以 Spring Cloud 技术为代表的微服务则是平台化的代表性技术。

为了更好地推广微服务相关技术的应用,本书用简单明了的方式阐述了微服务开发的基础知识,详细介绍了 Spring Cloud 在项目开发各个阶段的操作方法与技巧。本书既能够帮助入门读者了解微服务,也能够帮助运维人员加深对微服务体系的理解,尤其能够为致力于互联网技术开发和 Java 开发的程序员们带来卓有成效的实操性帮助。

作者李熠,本为格致中人,又入"经济歧程",所幸天道酬勤,信息业中立身。在从事互联网技术开发工作十余年间,李熠见证了互联网技术的快速发展,凭着自己的天分、孜孜以求的精神和挥洒的汗水,从最基层的码农逐步成长为一名经验丰富的项目经理兼架构师。为了与广大互联网技术开发者们和兴趣爱好者们分享经验与体会,他建立了自己的博客,内容涉及 Java、前端、服务器、微服务等方面,在业内拥有了相当数量的读者。

随后,为了更好地方便大家了解互联网开发技术,更系统性地与广大同仁分享自己的经验与技巧,李熠决定以自己发表的博客文章为基础,系统地梳理和总结微服务及 Spring Cloud 技术的理念、架构、方法和经验,进一步补充完善内容,使之成为一本完整、有用的专业技术书。历时一年,终得成稿。

本书是微服务技术方面非常不错的书,实战性和可操作性都非常强,我相信这本书定能带给你不一样的体验,强烈推荐广大 Java 工程师、架构师、运维人员以及技术爱好者阅读。

骆科东博士,中国石油规划总院信息技术总监

前　言

当前互联网技术正在飞速发展，各种技术框架层出不穷，让人眼花缭乱。我们在选择框架和进行技术选型时会有一些考量，主要包括社区规模、是否开源、是否比较成熟以及大公司对其评价等。

我从事开发工作多年，亦见证了互联网技术的发展：从 JSP/ASP/PHP 时代到 SSH/SSM 的流行，从模板引擎到前后端分离；从单一的技术架构到分布式的系统架构，再到如今随处可见的微服务思想。随着岁月的流逝，时代的变迁，互联网技术发展迅猛。

作为公司的开发经理和架构师，我需要不断地优化系统架构。我平时有逛技术论坛的习惯，一次偶然的机会，从 CSDN 博客上看到了一篇介绍 Spring Boot 的文章，好奇地点进去阅读，随即就被它吸引，心中顿时汹涌澎湃，恨不得马上编写示例来体验其强大之处。

Spring Boot 的优势是不言而喻的，它简化了 Spring MVC 架构，将其核心代码封装起来，并且基于注解，摒弃了烦琐的 XML，大大增强了代码的可读性及可维护性，提升了开发效率。此外，Spring Boot 集成了 Tomcat，使项目部署变得容易，不需要单独部署 Tomcat，使用 Java 命令即可完成项目的发布。

然而，Spring Boot 不是分布式架构，随着我公司项目的用户量不断增加，并发数不断增大，基于 Spring Boot 的系统架构遇到了瓶颈。无巧不成书，这时微服务思想逐渐流行起来，无论是技术论坛还是程序员间的谈话，都在讨论微服务。国内著名的互联网企业阿里巴巴早在 2012 年就推出了 Dubbo 框架，但由于种种原因，Dubbo 停止了维护，直到 2017 年，Dubbo 官方才重新开始维护。就在这时，Spring Cloud 横空出世，它基于 Spring Boot，同时集成了市面上比较成熟的微服务组件，形成了一套完整的微服务解决方案。

Spring Cloud 的出现为广大开发者带来了福音。我发现，Spring Cloud 的好处虽然多，但国内的系统教程可谓凤毛麟角，实战类课程更是难求，本书就是在这种大环境下编写的。我认为，实战即学习，只讲理论，不重实战，是不可取的。

本书结构

本书共分四部分，从基础到实战，讲解了基于 Spring Cloud 的常用组件。

第一部分（基础篇）：第 1~4 章。这部分主要讲解了 Spring Boot 的基本用法及 Spring Cloud 的 Hello World 示例，带领读者先目睹 Spring Cloud 的风采，为后续学习打好基础。

第二部分（实战篇）：第 5~10 章。本书的编写初衷是以实战为导向，因此这一部分占比最重，其中全方位讲解了实战项目的开发流程。

第三部分（高级篇）：第 11~13 章。第二部分的内容已经是一套完整的微服务架构，但是在实际的生产中，尤其对于并发要求较高的系统来说是远远不够的，因此这部分集成了微服务的高级用法。

第四部分（部署篇）：第 14~15 章。系统最终会发布到网络上，传统的系统发布由人工上传并启动应用，而这在微服务架构中是不可取的，因为一套微服务架构可能由很多服务构成，人工启动应用的工作量会非常巨大，所以有必要让读者了解分布式系统的部署细节。

致谢

首先，要感谢我的父母，在我决定写书时，他们给了我极大的鼓励和支持。我也要感谢我的妻子张敏女士，她为了让我能够专心写书，承担起了带孩子和家务的重担。

其次，我要感谢王军花老师。我工作多年，习惯将自己的经验以博客的形式分享给广大网友，也通过知识付费的途径获得了一些回报。一个偶然的机会，通过朋友的介绍，认识了王军花老师，她仔细阅读了我博客上的技术文章，经过沟通，觉得我可以出一本关于 Spring Cloud 实战的书。能够拥有一本属于自己的技术书一直是我的梦想，王军花老师在我写作期间给了我很多建议，并和我讨论内容和细节，经过不断地优化和改进，本书才得以顺利出版。

我还要感谢中国石油规划总院的骆科东博士，当我找到他，希望他为我的书写序的时候，他很快就答应了，也仔细阅读了本书的原稿，给我提供了很多宝贵的意见。

最后，我要感谢我的朋友（程斌、李云龙等），他们是这本书的第一批读者，给我提出了很多宝贵意见，没有他们，这本书也很难出版。

另外，我还要感谢正在阅读本书的你，感谢你在百忙之中翻阅本书，也感谢你对我的支持，你的支持是我成长的动力。未来，我会努力提升技术水平及写作水平，为你创作出更加优质的作品，谢谢！

其他

谨以此书献给那些想研究微服务、希望向架构师方向发展的开发者，我的初衷是希望读完本书的读者能够马上投入到实际项目中，少走弯路。

本书的配套资料[1]均已上传到网络上，详见 https://github.com/lynnlovemin/SpringCloudActivity。如果你有任何疑问，均可发送邮件到 lynnlovemin@foxmail.com。

说明：本书代码所采用的开发工具是 IntelliJ IDEA，读者可以到其官网下载，地址是 http://www.jetbrains.com/idea/。

---

[1] 本书配套的电子资源可在图灵社区（iTuring.cn）的本书主页中免费注册下载。

目 录

第一部分 基础篇

第 1 章 微服务概述 ... 2
- 1.1 应用架构概述 ... 2
  - 1.1.1 单体架构 ... 2
  - 1.1.2 微服务架构 ... 3
  - 1.1.3 如何选择架构风格 ... 4
- 1.2 微服务现状及发展趋势 ... 4
  - 1.2.1 微服务现状 ... 4
  - 1.2.2 微服务发展趋势 ... 5
- 1.3 微服务架构面临的挑战 ... 5
- 1.4 怎样实现微服务架构 ... 6
  - 1.4.1 技术选型 ... 6
  - 1.4.2 整体架构思路 ... 7
- 1.5 小结 ... 7

第 2 章 Spring Boot 基础 ... 9
- 2.1 Spring Boot 简介 ... 9
- 2.2 第一个 Spring Boot 工程 ... 9
- 2.3 使用 YAML 文件配置属性 ... 12
  - 2.3.1 YAML 的基本用法 ... 12
  - 2.3.2 多环境配置 ... 13
- 2.4 常用注解 ... 14
  - 2.4.1 @SpringBootApplication ... 15
  - 2.4.2 @SpringBootConfiguration ... 15
  - 2.4.3 @Bean ... 16
  - 2.4.4 @Value ... 18

- 2.5 Spring Boot 集成模板引擎 ... 19
- 2.6 更改默认的 JSON 转换器 ... 21
- 2.7 打包发布到服务器上 ... 22
  - 2.7.1 使用内置 Tomcat 发布 jar 包 ... 22
  - 2.7.2 打包成 war 包发布 ... 24
- 2.8 WebFlux 快速入门 ... 27
- 2.9 小结 ... 29

第 3 章 Spring Boot 核心原理 ... 31
- 3.1 起步依赖机制 ... 31
- 3.2 自动配置管理 ... 32
- 3.3 Actuator 监控管理 ... 34
- 3.4 Spring Boot CLI 命令行工具 ... 36
  - 3.4.1 安装 ... 36
  - 3.4.2 用法 ... 37
- 3.5 小结 ... 38

第 4 章 Spring Cloud 概述 ... 40
- 4.1 简介 ... 40
- 4.2 优缺点 ... 41
- 4.3 现状 ... 41
- 4.4 开始 Spring Cloud 实战 ... 42
  - 4.4.1 技术储备 ... 42
  - 4.4.2 准备工作 ... 42
  - 4.4.3 从 Hello World 开始你的实战之旅 ... 43
- 4.5 小结 ... 52

第二部分　实战篇

第 5 章　项目准备阶段 · 54
- 5.1　项目介绍 · 54
- 5.2　需求分析 · 54
- 5.3　产品设计 · 55
- 5.4　架构方案分析 · 58
  - 5.4.1　技术选型 · 58
  - 5.4.2　架构图设计 · 58
  - 5.4.3　根据架构图创建工程 · 59
- 5.5　数据库结构设计 · 62
- 5.6　小结 · 63

第 6 章　公共模块封装 · 65
- 6.1　common 工程常用类库的封装 · 65
  - 6.1.1　日期时间的处理 · 65
  - 6.1.2　字符串的处理 · 68
  - 6.1.3　加密/解密封装 · 69
  - 6.1.4　消息队列的封装 · 74
- 6.2　接口版本管理 · 78
- 6.3　输入参数的合法性校验 · 80
- 6.4　异常的统一处理 · 82
- 6.5　更换 JSON 转换器 · 83
- 6.6　Redis 的封装 · 84
- 6.7　小结 · 85

第 7 章　注册中心：Spring Cloud Netflix Eureka · 87
- 7.1　Eureka 简介 · 87
- 7.2　创建注册中心 · 87
- 7.3　创建客户端工程以验证注册中心 · 91
- 7.4　实现注册中心的高可用 · 92
- 7.5　添加用户认证 · 96
- 7.6　开启自我保护模式 · 99
- 7.7　注册中心的健康检查 · 100
- 7.8　多网卡环境下的 IP 选择问题 · 101
- 7.9　小结 · 103

第 8 章　配置中心：Spring Cloud Config · 105
- 8.1　Spring Cloud Config 简介 · 105
- 8.2　创建配置中心 · 105
- 8.3　对配置内容进行加密 · 111
  - 8.3.1　安装 JCE · 111
  - 8.3.2　对称加密 · 112
  - 8.3.3　对配置内容加密 · 114
  - 8.3.4　非对称加密 · 114
- 8.4　配置自动刷新 · 118
  - 8.4.1　使用 refresh 端点刷新配置 · 118
  - 8.4.2　Spring Cloud Bus 自动刷新配置 · 119
- 8.5　添加用户认证 · 122
- 8.6　小结 · 123

第 9 章　服务网关：Spring Cloud Gateway · 125
- 9.1　Gateway 简介 · 125
- 9.2　创建服务网关 · 125
- 9.3　利用过滤器拦截 API 请求 · 128
- 9.4　请求失败处理 · 130
- 9.5　小结 · 133

第 10 章　功能开发 · 135
- 10.1　开发前的准备 · 135
  - 10.1.1　MyBatis 的集成 · 135
  - 10.1.2　Elasticsearch 的集成 · 137
- 10.2　利用代码生成器提升开发效率 · 140
- 10.3　使用代码生成器生成的代码操作数据库 · 147
- 10.4　MyBatis 应对复杂 SQL · 149
  - 10.4.1　注解 · 149
  - 10.4.2　Provider · 150
- 10.5　功能开发 · 151
- 10.6　网关鉴权 · 154
  - 10.6.1　防止参数被篡改 · 155
  - 10.6.2　拦截非法请求 · 157

10.7 单元测试 ·············· 159
10.8 小结 ················ 160

第三部分　高级篇

第 11 章　服务间通信：Spring Cloud Netflix Ribbon 和 Spring Cloud OpenFeign ······· 162

11.1 Spring Cloud Netflix Ribbon 的使用 ······ 162
11.2 Spring Cloud OpenFeign ·········· 164
11.3 自定义 OpenFeign 配置 ··········· 166
11.4 Spring Cloud OpenFeign 熔断 ········ 167
  11.4.1 Spring Cloud Netflix Hystrix 简介 ······ 167
  11.4.2 Spring Cloud Netflix Hystrix 的使用 ······ 168
  11.4.3 OpenFeign 集成 Hystrix 熔断器 ······ 172
11.5 小结 ················ 173

第 12 章　服务链路追踪：Spring Cloud Sleuth ············ 175

12.1 Spring Cloud Sleuth 简介 ··· 175
12.2 利用链路追踪监听网络请求 ······ 176
  12.2.1 服务端的实现 ·········· 176
  12.2.2 客户端集成 Spring Cloud Sleuth ··········· 179
12.3 通过消息中间件实现链路追踪 ···· 180
12.4 存储追踪数据 ············ 182
12.5 小结 ················ 184

第 13 章　服务治理：Spring Cloud Consul 和 Spring Cloud ZooKeeper ·········· 186

13.1 服务治理简介 ············ 186
13.2 Spring Cloud Consul 的使用 ······· 186
  13.2.1 Consul 的安装与部署 ·········· 187

13.2.2 Spring Cloud 集成 Consul ······ 189
13.3 Spring Cloud ZooKeeper 的使用 ······ 190
  13.3.1 ZooKeeper 的安装和部署 ······ 191
  13.3.2 Spring Cloud 集成 ZooKeeper ··· 191
13.4 小结 ················ 193

第四部分　部署篇

第 14 章　系统发布上线 ······ 195

14.1 发布前准备 ·············· 195
  14.1.1 虚拟机的安装 ·········· 195
  14.1.2 Linux 常用命令 ········· 198
  14.1.3 安装常用软件 ·········· 198
14.2 编译、打包、发布 ·········· 207
14.3 利用 Jenkins 实现持续集成 ······· 210
  14.3.1 安装并配置 Jenkins ·········· 210
  14.3.2 创建任务 ············ 215
  14.3.3 构建项目 ············ 220
14.4 小结 ················ 221

第 15 章　使用 Kubernetes 部署分布式集群 ············ 223

15.1 Docker 介绍 ············· 223
  15.1.1 Docker 安装 ·········· 223
  15.1.2 Docker 镜像 ·········· 224
  15.1.3 Docker 容器 ·········· 228
15.2 K8S 集群环境搭建 ·········· 229
  15.2.1 环境准备 ············ 229
  15.2.2 集群搭建 ············ 230
  15.2.3 分布式应用部署 ········· 232
15.3 小结 ················ 237

附录 A　如何编写优雅的 Java 代码 ··· 239

附录 B　IDEA 插件之 Alibaba Cloud Toolkit ·············· 258

第一部分
基础篇

第 **1** 章

微服务概述

第一部分 基础篇

第 1 章 微服务概述

微服务架构被认为是当下最流行的技术架构。它并不是一个新鲜事物，最早由 Martin Fowler 在 20 世纪 80 年代提出，他倡导使用面向对象技术构建多层企业应用。随着时间的推移，尤其是在用户量与数据量激增的当下，微服务这个概念逐渐被重视，变得流行起来。

我们要学习微服务架构，就要了解它，本章将带领大家初步了解微服务，为后面系统学习微服务架构奠定良好的基础。

1.1 应用架构概述

如今，互联网技术正在飞速发展，应用架构也在不断更新，它给我们带来了挑战，但同时也带来了机遇。从互联网诞生之初到现在的大数据时代，应用架构主要分为单体架构和分布式架构，而微服务架构是分布式架构中粒度最细的一种方式。

1.1.1 单体架构

单体架构，顾名思义，就是一个项目工程包含了系统的所有功能模块，它最终会打包为一个应用程序包（比如 war 包）。图 1-1 展示了单体应用架构图。

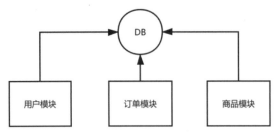

图 1-1　单体应用架构图

在系统上线初期，用户量和访问量较小，系统功能也不多，采用单体架构将所有功能模块部署到一台服务器上，没有太多影响。但随着用户量和访问量的增加，系统功能变得复杂，单体架构已经不能适应系统的需求。于是单体架构的劣势逐渐凸显，主要体现在以下几个方面：

- 代码臃肿，结构复杂，不利于扩展；
- 一个工程包含所有功能模块，导致启动周期长；
- 任何模块崩溃，均会导致整个应用无法访问；
- 扩展能力有限，只能作为一个整体扩展，伸缩困难。

单体架构虽然有上述劣势，但是并不代表一无是处，它也有一些优点：

- 易于开发和测试，只需要启动一个工程便可进行开发和测试；
- 部署简单，维护方便，只需一个应用程序包即可发布整个应用。

1.1.2 微服务架构

鉴于单体架构的诸多不足，随着互联网技术的发展，微服务架构应运而生。

微服务架构，通俗来说就是将一个系统的功能模块按照一定的粒度划分为不同的服务，其中粒度划分情况根据系统的实际情况而定，可以是一个模块，也可以是一个方法。此外，我们既可以将每个服务独立部署，也可以将多个服务部署到一台服务器上。各个服务之间是松耦合的，它们通过一定的方式进行通信，比如 HTTP 和 RPC。

严格来说，微服务不属于一个具体的架构，而是一种架构风格。图 1-2 描绘了一个微服务架构。

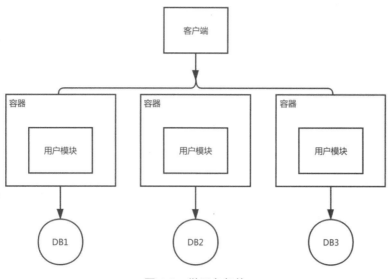

图 1-2 微服务架构

对比单体架构，微服务架构有以下几个优势：

- 一个服务只做一件事，结构清晰；
- 一个应用由多个工程组成，每个服务启动周期短；
- 各服务之间是独立的，一个服务宕机不会影响全局；
- 低耦合，易于扩展，如果要加入一个新的需求，只需要创建一个微服务，同一个系统下的其他微服务通过 HTTP、RPC 等方式就可以访问新服务的数据。

1.1.3 如何选择架构风格

前面分析了单体架构和微服务架构各自的特点，针对不同的应用，我们需要选择不同的架构风格。

- 单体架构：适用于功能简单、用户量小、访问量小以及需求变更不频繁的应用。
- 微服务架构：适用于功能模块复杂多变、用户量和访问量较大的应用。

综上所述，我们在选择架构风格时，不要一味地追求新技术，也不要一味地固守成规，应该根据自身的业务需求以及未来的发展方向，选择适合自己系统的架构。

1.2 微服务现状及发展趋势

过去，系统应用功能单一、架构简单，企业级应用广为流行，从 EJB 到 Struts，再到 Spring。如今，为了适应不断变化的需求，微服务进入了我们的视野。

要学习微服务，首先应该了解微服务的现状以及今后的发展趋势，微服务能够带给我们什么，有哪些第三方框架能够帮助我们快速搭建微服务架构。

1.2.1 微服务现状

从微服务开始流行到现在不过几年时间，小到创业型公司，大到集团公司，无一不在谈论微服务，可见其火爆程度，但又有多少人真正了解它呢？可能有一个现象：不论什么项目，在立项之初设计架构时都会先把微服务的概念放进去，而最终上线后发现维护成本增加，部署困难。这一方面可以看出微服务的流行程度，另一方面可以看出大多数人对微服务的认识并不深刻，只是觉得微服务是一种趋势，于是跟风而去。

下面我主要从以下几个方面来总结微服务的现状。

- 微服务框架盛行。Spring Cloud 和 Dubbo 等技术框架已经被各大技术公司广泛应用，企业大多会要求员工使用这些框架。

- **容器技术日渐成熟。**微服务因维护和部署的门槛高，越来越依赖容器技术，而当下最流行的容器技术非 Docker 莫属。利用 Docker 部署微服务应用变得越来越方便，Kubernetes 作为 Docker 的搭档，已经成为当前部署微服务应用的首选。
- **云平台备受推崇。**云平台提供中间件和云服务器等资源，即使是不懂运维的开发人员，都可以很轻松地部署一套微服务应用，这使得微服务应用的门槛越来越低。

综上所述，微服务作为一种架构风格，已经被越来越多的企业所采纳，今后还会有更多的企业将微服务作为系统架构的首选方案。

1.2.2 微服务发展趋势

技术随着时代的发展而不断进步，微服务也在不断发展。

以 Spring Cloud 和 Dubbo 为代表的微服务框架作为第一代微服务，曾经占据着市场主导地位，甚至一度成为微服务的代名词。后来，随着应用越来越复杂，服务间通信越来越频繁，如何保证服务间通信的稳定性，成为企业最为头疼的问题。有问题就有应对方案，下一代微服务解决方案 Service Mesh 应运而生。

Service Mesh 被称作"服务网格"，是服务间通信的基础设施。换句话说，它负责服务间的通信、熔断、监控和限流。和 Spring Cloud 不同，它是一种非侵入式框架，并不关心各个服务的实现细节，应用层也无须关心 TCP/IP 这一层。

可以看出，微服务发展非常迅速，我们称之为"业务驱动技术"，即有什么样的业务，就会有什么样的技术应对。

1.3 微服务架构面临的挑战

微服务有很多优点，但它并不是万能的。要想成功实施微服务解决方案，需要面临许多挑战。

- **更高的运维要求。**对于单体架构的系统，我们只需要维护一个应用即可；而对于微服务架构，一个大型的微服务系统可能由成千上万个服务组成，每一个服务都需要投入人力去维护。因此，需要保证如此多的服务正常稳定地运行，这给运维工程师带来了巨大的挑战。
- **学习成本增加。**一个微服务系统往往涵盖了很多技术栈，比如注册与发现有 Eureka、ZooKeeper 和 Consul，配置中心有 Spring Cloud Config，服务网关有 Zuul 和 Gateway。每项技术都需要去研究，在有限的时间内，我们要"吃透"这么多技术，无疑充满了挑战。

❑ **复杂的系统架构**。微服务架构由多个工程组成,相比单体架构,不同的服务会分布在不同的服务器上。在我们的开发过程中,经常需要同时开启多个工程,开发人员也只有理解各个工程之间的复杂关系,才能顺利做好开发工作。

1.4 怎样实现微服务架构

探讨了微服务的理论基础后,我们的最终目的还是要回到实践上来。如何实现微服务架构?如何选择微服务框架?微服务的整体架构又是怎样的?本节将带领大家一起来探讨这些问题。

1.4.1 技术选型

我们知道,现在是 Spring Cloud 和 Dubbo 的天下。而技术框架越多,开发者越迷茫,不清楚到底该采用何种框架。下面就对 Spring Cloud 和 Dubbo 进行比较,以便读者能够清晰地认识两种框架的特点,在实际项目中选择适合自身的框架。

Spring Cloud 实现了微服务架构的方方面面,而 Dubbo 只实现了服务治理,它仅是其中的一个方面。下面通过表 1-1 对其进行比较。

表 1-1 Spring Cloud 和 Dubbo 的区别

核心模块	Spring Cloud	Dubbo
服务的注册与发现	Eureka、Consul、ZooKeeper	ZooKeeper、Redis
服务网关	Gateway、Zuul	无
服务间通信	Ribbon、OpenFeign	RPC
断路器	Hystrix	不完善
配置中心	Spring Cloud Config	无
日志追踪	Spring Cloud Sleuth	无
消息总线	Spring Cloud Bus	无
数据流	Spring Cloud Stream	无
任务调度	Spring Cloud Task	无

可以看出,Spring Cloud 比较全面,而 Dubbo 由于只实现了服务治理,在集成其他模块时,需要单独引入,这无疑增加了学习成本和集成成本。虽然如此,但目前国内采用 Dubbo 的公司较多,原因如下:

❑ Dubbo 是阿里巴巴出品的 RPC 服务治理框架,国内很多公司尤其是中小创业型公司的技术部负责人都曾就职于阿里巴巴,于是他们更习惯于使用 Dubbo 框架;

❏ Dubbo 是国内的开源框架，技术文档由中文书写，学习门槛较低。

本书中，我们将选用 Spring Cloud 作为实战框架，以实战为导向，带领大家逐步搭建一套完整的微服务架构。

1.4.2 整体架构思路

图 1-3 给出了利用 Spring Cloud 搭建一套完整微服务解决方案的整体架构。

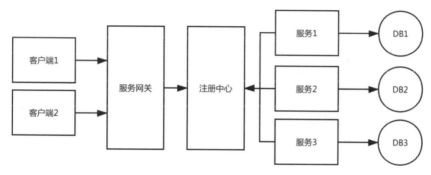

图 1-3 整体架构

通过图 1-3，我们大概可以知道，所有的客户端请求都是通过服务网关来完成的，而服务网关通过注册中心才能找到具体的服务。因此，我们的服务在启动后都必须注册到注册中心。在实际中，为了保证微服务的高可用性，一个服务往往会启动多个端口，甚至部署到不同的服务器上，这样一来，即使某个端口宕机，也不会影响全局。当然，这就需要注册中心来管理这些服务。

在解决了应用的并发瓶颈后，数据库就成为了整个应用的瓶颈。因此，不同的微服务可能会连接不同的数据库，甚至每个服务对应的数据库都可能部署集群，服务间在保证低耦合的前提下也需要进行相互通信，它们通信的基础就是 HTTP。

1.5 小结

本章中，我们首先比较了单体架构和微服务架构的优劣，并分析了如何选择适合自己项目的架构方案。其次，我们大致了解了微服务的基本概念，也了解到当今微服务的发展趋势和现状，进而对比了当前最流行的微服务框架。最后，结合一张简单的微服务架构图，让读者对微服务架构有了清晰的认识，为后续搭建一套完整的微服务框架打下基础。

第一部分

基础篇

第 2 章

Spring Boot 基础

第一部分 基础篇

第 2 章 Spring Boot 基础

本书以实战为导向,讲解了如何使用 Spring Cloud 开发微服务项目,而 Spring Cloud 基于 Spring Boot,所以本章先来初步了解如何使用 Spring Boot 搭建框架。

2.1 Spring Boot 简介

Spring Boot 是由 Pivotal 团队提供的基于 Spring 的全新框架,其设计目的是简化 Spring 应用的搭建和开发过程。该框架遵循"约定大于配置"原则,采用特定的方式进行配置,从而使开发者无须进行大量的 XML 配置。Spring Boot 致力于成为蓬勃发展的快速应用开发领域的领导者。

Spring Boot 并不重复"造轮子",而是在原有 Spring 框架的基础上进行封装,并且它集成了一些类库,用于简化开发。换句话说,Spring Boot 就是一个大容器。

关于 Spring Boot,其官网是这样描述的:

Spring Boot makes it easy to create stand-alone, production-grade Spring based Applications that you can "just run".
We take an opinionated view of the Spring platform and third-party libraries so you can get started with minimum fuss. Most Spring Boot applications need very little Spring configuration.

从上面的描述中,我们可以了解到,Spring Boot 带给了我们全新的应用部署方案,通过它可以很方便地创建独立的、生产级的基于 Spring 的应用程序。同时,通过 Spring 平台和第三方库可以轻松构建视图。

其实,Spring Boot 默认集成了 Tomcat,因此我们可以只编译成 jar 包,通过 Java 命令启动应用,大多数 Spring Boot 应用程序只需要很少的 Spring 配置。

2.2 第一个 Spring Boot 工程

本节中,我们将创建第一个 Spring Boot 工程,读者可以按照下面的步骤进行操作。

(1) 打开 IntelliJ IDEA，依次点击 File→New→Module，在弹出的对话框中选择 Maven，并点击 Next 按钮，创建一个 Maven 项目。这里我们在 ArtifactId 一栏中输入 demo-lesson-one，在 GroupId 一栏中输入 com.lynn.boot。创建好工程后，为 pom.xml 增加以下内容：

```xml
<parent>
    <groupId>org.springframework.boot</groupId>
    <artifactId>spring-boot-starter-parent</artifactId>
    <version>2.0.3.RELEASE</version>
</parent>

<dependencies>
    <dependency>
        <groupId>org.springframework.boot</groupId>
        <artifactId>spring-boot-starter-web</artifactId>
    </dependency>
</dependencies>
```

其中，<parent>标签声明了 Spring Boot 的父项目，版本号定义为 2.0.3.RELEASE。我们还可以注意到，<dependencies>标签中声明了 spring-boot-starter-web 依赖，它提供了对 Spring MVC 的支持。

(2) 编写应用启动类 Application：

```java
package com.lynn.boot;

import org.springframework.boot.SpringApplication;
import org.springframework.boot.autoconfigure.SpringBootApplication;

@SpringBootApplication
public class Application {
    public static void main(String[] args) {
        SpringApplication.run(Application.class,args);
    }
}
```

Spring Boot 的强大之处在于可以直接通过 main 方法启动 Web 应用程序。在上述代码中，我们提供了应用程序的入口，通过调用 SpringApplication.run()来启动内置 Web 容器。我们注意到，在 Application 类中添加了@SpringBootApplication 注解，我们将在 2.4 节中介绍它的作用。

默认情况下，Spring Boot 内置了 Tomcat。当然，它还支持其他容器，如 Jetty。倘若我们要将默认容器改为 Jetty，可以将 pom.xml 文件修改成下面这样：

```xml
<dependency>
    <groupId>org.springframework.boot</groupId>
    <artifactId>spring-boot-starter-web</artifactId>
    <exclusions>
        <exclusion>
            <groupId>org.springframework.boot</groupId>
            <artifactId>spring-boot-starter-tomcat</artifactId>
        </exclusion>
    </exclusions>
</dependency>
<dependency>
    <groupId>org.springframework.boot</groupId>
    <artifactId>spring-boot-starter-jetty</artifactId>
</dependency>
```

在上述代码中，我们通过<exclusion>标签将 Tomcat 的依赖包移除，并增加了 Jetty 的依赖包。

(3) 编写控制器以验证 Spring Boot 框架：

```
package com.lynn.boot.controller;

import org.springframework.web.bind.annotation.RequestMapping;
import org.springframework.web.bind.annotation.RestController;

@RestController
public class HelloController {

    @RequestMapping(value = "hello")
    public String hello(){
        return "Hello World!";
    }
}
```

在上述代码中，@RestController 注解指示了该类为控制器类，与它对应的注解是 @Controller。@RestController 注解相当于 @Controller 注解和@ResponseBody 注解的结合。@RequestMapping 注解的作用是定义一个 HTTP 请求地址，默认不限制请求方式，可以是 GET、POST 亦或其他方法，如果要限制请求方法，可以在注解后面增加 method 属性，如 method=RequestMethod.GET 表示只有 GET 请求才能调用该 HTTP 地址。

上面提到的注解均为 Spring MVC 注解，我们之所以能够在这里很方便地使用 Spring MVC 注解，是因为第(1)步的依赖中添加了 spring-boot-starter-web 依赖，该依赖集成了 Spring MVC。

(4) 运行 Application 类的 main 方法，并访问 localhost:8080/hello，即可看到如图 2-1 所示的界面。

![图2-1 运行结果]

图 2-1　运行结果

通过以上示例，我们可以知道：

- 使用 Spring Boot 创建一个工程非常简单，既没有 XML 配置文件，也没有 Tomcat，通过几个简单的注解，运行 `main` 方法就能启动一个 Web 应用；
- Spring Boot 默认内置 Tomcat；
- Spring Boot 用注解代替了烦琐的 XML 配置。

2.3　使用 YAML 文件配置属性

在上一节中，我们实现了一个最简单的 Web 工程，没有创建任何配置文件。当然，Spring Boot 的任何配置都可以通过代码实现。为了便于扩展，它引入了 PROPERTIES 格式和 YAML 格式[①]的文件，可以在其中定义一些常用属性或自定义属性。

2.3.1　YAML 的基本用法

下面我们先来看一下 Spring Boot 的一般配置，步骤如下。

(1) 在 src/main/resources 目录下创建一个名为 application.yml 的配置文件，并编写以下内容：

```yaml
server:
    servlet:
        #定义上下文路径
        context-path: /demo
    #定义工程启动的端口
    port: 8081
```

在上述配置中，我们通过 `server.servlet.context-path` 定义了应用的上下文路径为`/demo`，它的默认值为`/`，`server.port` 定义应用的启动端口，其默认值为 `8080`，这里设置为 `8081`。

(2) 启动工程并访问 localhost:8081/demo/hello，就可以看到如图 2-1 所示的界面。

在 2.2 节中，我们启动工程时的监听端口为 `8080`，上下文路径为`/`，但是我们并没有配置任何信

---

① 本书的所有示例都使用了 YAML 格式的配置文件。

息，那是因为所有配置属性都有默认值，如端口的默认值为 8080。

接下来，我们看一下 YAML 文件的结构，其基本格式为：

```
key1:
    key2:
        key3: value
```

我们将它替换成 properties 的形式，即 key1.key2.key3=value。当然，key 的个数不是固定的。这里需要说明的是，YAML 格式非常严格。如果当前 key 后面需要跟 value，则冒号后面必须至少有一个空格，否则编译不会通过；其次，每个子属性之间需要通过空格或制表符（即按下 Tab 键）分隔，否则可能无法正确取到属性值。

如果我们将上面例子中的 YAML 文件改成以下形式：

```
server:
    servlet:
        context-path: /demo
    #冒号后面直接跟端口号
    port:8081
```

那么启动工程后，控制台会打印如下的报错信息：

```
Caused by: org.yaml.snakeyaml.scanner.ScannerException: while scanning a simple key
 in 'reader', line 6, column 3:
    port:8081
    ^
could not find expected ':'
 in 'reader', line 6, column 12:
    port:8081
```

2.3.2 多环境配置

在一个企业级应用中，我们可能开发时使用开发环境，测试时使用测试环境，上线时使用生产环境。每个环境的配置都不一样，比如开发环境的数据库是本地地址，而测试环境的数据库是测试地址。因此会遇到这样一个问题：我们在打包的时候，如何生成不同环境的包呢？

这里的解决方案有很多，具体如下。

- 每次编译之前，手动把所有配置信息修改成当前运行的环境信息。这种方式导致每次都需要修改，相当麻烦，也容易出错。

- 利用 Maven，在 pom.xml 里配置多个环境，每次编译之前将 settings.xml 修改成当前要编译的环境 ID。这种方式的缺点就是每次都需要手动指定环境，而且如果环境指定错误，发布前是不知道的。
- 创建多个针对不同环境的配置文件，通过启动命令指定。这个方案就是本节重点介绍的，也是我强烈推荐的方式。

接下来，我们看一下配置多环境的步骤。

(1) 将 application.yml 文件修改如下：

```
server:
    servlet:
        context-path: /demo
    port: 8081
spring:
    profiles:
        active: dev
```

这里通过 spring.profiles.active 指了明当前启动的环境。

(2) 创建多环境配置文件，文件命名格式为 application-{profile}.yml，其中{profile}即为上述配置将要指定的环境名，如新增名为 application-dev.yml 的文件，我们可以在里面添加配置：

```
server:
    port: 8080
```

并将 spring.profiles.active 设置为 dev。

此时启动工程，可以看到工程的监听端口已变为 8080。

你可以继续创建多环境文件，比如命名为 application-test.yml，将监听端口改为 8082，然后将 spring.profiles.active 改为 test，再启动工程观察效果。在实际项目发布的过程中，不会手动修改 spring.profiles.active 的值，而是通过启动命令来动态修改，具体细节见 2.7 节。

2.4 常用注解

前面提到过，Spring Boot 主要是以注解形式代替烦琐的 XML 配置。在这一节中，我将带领大家了解一些常用注解的用法。

2.4.1 @SpringBootApplication

在前面的章节中，读者是否注意到，Spring Boot 支持 main 方法启动。在我们需要启动的主类中加入注解 @SpringBootApplication，就可以告诉 Spring Boot 这个类是工程的入口。如果不加这个注解，启动就会报错。读者可以尝试去掉该注解，看一下效果。

查看 @SpringBootApplication 注解的源码，可以发现该注解由 @SpringBootConfiguration、@EnableAutoConfiguration 和 @ComponentScan 组成。我们可以将 @SpringBootApplication 替换为以上 3 个注解，如：

```
package com.lynn.boot;

import org.springframework.boot.SpringApplication;
import org.springframework.boot.autoconfigure.SpringBootApplication;

@SpringBootConfiguration
@EnableAutoConfiguration
@ComponentScan
public class Application {

    public static void main(String[] args) {
        SpringApplication.run(Application.class,args);
    }
}
```

此时代码的运行效果与 2.2 节一致。

2.4.2 @SpringBootConfiguration

加入了 @SpringBootConfiguration 注解的类会被认为是 Spring Boot 的配置类。我们既可以在 application.yml 中进行一些配置，也可以通过代码进行配置。

如果要通过代码进行配置，就必须在这个类中添加 @SpringBootConfiguration 注解。我们既可以在标注了这个注解的类中定义 Bean，也可以通过它用代码动态改变 application.yml 的一些配置。例如，创建 WebConfig 类，并改变工程启动的端口号：

```
package com.lynn.boot;

import org.springframework.boot.SpringBootConfiguration;
import org.springframework.boot.web.server.WebServerFactoryCustomizer;
import org.springframework.boot.web.servlet.server.ConfigurableServletWebServerFactory;
```

```java
@SpringBootConfiguration
public class WebConfig implements
WebServerFactoryCustomizer<ConfigurableServletWebServerFactory> {

    @Override
    public void customize(ConfigurableServletWebServerFactory factory) {
        //给代码设置应用启动端口
        factory.setPort(8888);
    }
}
```

启动工程，可以看到监听端口已经变成了 8888。

说明：如果 YAML 配置文件和代码配置了同样的属性，则会以代码配置为准。因为在 Spring Boot 应用启动后，会先加载配置文件，然后再执行被 @SpringBootConfiguration 标注的类，所以它会覆盖配置文件配置的属性。

此外，也可以使用 @Configuration 注解，它和 @SpringBootConfiguration 的效果一样，不过 Spring Boot 官方推荐采用 @SpringBootConfiguration 注解。

2.4.3 @Bean

@Bean 注解是方法级别的注解，主要添加在 @SpringBootConfiguration 注解的类中，有时也添加在 @Component 注解的类中。它的作用是定义一个 Bean，类似于 Spring XML 配置文件的<bean>。

下面我们就来看一下如何通过 @Bean 注解注入一个普通类。

(1) 创建一个普通类 Person，为了便于测试，我们为该类增加了一个字段 name：

```java
package com.lynn.boot.bean;

public class Person {
    private String name;

    public void setName(String name){
        this.name = name;
    }

    public String getName() {
        return name;
```

```
    }

    @Override
    public String toString() {
        return "Person{" +
                "name='" + name + '\'' +
                '}';
    }
}
```

(2) 在 2.4.2 节创建的 WebConfig 类中增加以下代码：

```
@Bean
public Person person(){
    Person person = new Person();
    person.setName("lynn");
    return person;
}
```

在上述代码中，我们通过一个 @Bean 注解就可以将 Person 对象加入 Spring 容器中，它简化了传统的 Spring XML 的方式。

(3) 进行单元测试。首先，添加单元测试依赖：

```
<dependency>
    <groupId>org.springframework.boot</groupId>
    <artifactId>spring-boot-starter-test</artifactId>
    <scope>test</scope>
</dependency>
```

Spring Boot 默认集成 JUnit 测试框架，通过添加 spring-boot-starter-test 依赖就可以集成它。然后在 src/main/test 目录下创建一个测试类，并编写测试代码：

```
package com.lynn.boot.test;

import com.lynn.boot.Application;
import com.lynn.boot.bean.Person;
import org.junit.Test;
import org.junit.runner.RunWith;
import org.springframework.beans.factory.annotation.Autowired;
import org.springframework.boot.test.context.SpringBootTest;
import org.springframework.test.context.junit4.SpringJUnit4ClassRunner;

@SpringBootTest(classes = Application.class)
```

```
@RunWith(SpringJUnit4ClassRunner.class)
public class MyTest {

    @Autowired
    private Person person;

    @Test
    public void test(){
        System.out.println(person);
    }
}
```

在上述代码中，我们添加 @SpringBootTest 注解来指定入口类为 Application，再添加 @RunWith 注解指定单元测试的运行环境为 SpringJUnit4ClassRunner，即使用 JUnit4 的单元测试框架，接着通过 @Autowired 注解注入了 Person 类，最后通过 test 方法打印 person 信息。

注意：在 test 方法中需要添加 @Test 注解才能启用单元测试。

启动单元测试时，可以看到控制台打印出了以下信息：

```
Person{name='lynn'}
```

2.4.4 @Value

通常情况下，我们需要定义一些全局变量，此时想到的方法是定义一个 public static 常量并在需要时调用它。那么是否有其他更好的方案呢？答案是肯定的，这就是本节要讲的 @Value 注解。

(1) 在 application.yml 里自定义一个属性 data：

```
self:
    message:
        data: 这是我自定义的属性
```

上述配置不是 Spring Boot 内置属性，而是我们自定义的属性。

(2) 修改 HelloController 类：

```
package com.lynn.boot.controller;

import org.springframework.beans.factory.annotation.Value;
import org.springframework.http.MediaType;
import org.springframework.web.bind.annotation.RequestMapping;
```

```java
import org.springframework.web.bind.annotation.RestController;

@RestController
public class HelloController {

    @Value("${self.message.data}")
    private String value;

    @RequestMapping(value = "hello",produces = MediaType.APPLICATION_JSON_UTF8_VALUE)
    public String hello(){
        return value;
    }
}
```

其中，@Value 注解的参数需要使用 ${} 将目标属性包装起来，该属性既可以是 Spring 内置的属性，也可以是自定义的属性。

注意：如果返回的是 String 类型的值，那么需要注明 produces 为 application/json 并且 charset=utf8，否则可能会出现乱码；如果返回的是对象，则无须注明。因为 Spring MVC 不会对返回的 String 类型的值做任何处理，而如果返回对象的话，会执行 Spring 默认的 JSON 转换器，它会处理编码问题。

（3）启动工程并访问 localhost:8080/demo/hello，可以看到如图 2-2 所示的界面。

图 2-2　运行结果

说明：@Value 注解可以获取 YAML 文件的任何属性值，它的好处如下：
- 可以通过启动参数动态改变属性值，而不用修改代码；
- 交给 Spring 统一管理常量，便于扩展和维护。

2.5　Spring Boot 集成模板引擎

在传统的 Spring MVC 架构中，我们一般将 JSP、HTML 页面放到 webapps 目录下。但 Spring Boot 没有 webapps，更没有 web.xml，如果要写界面的话，该如何做呢？

我们可以集成模板引擎。Spring Boot 官方提供了几种模板引擎：FreeMarker、Velocity、Thymeleaf、Groovy、Mustache 和 JSP。本节中，我们以 FreeMarker 为例讲解 Spring Boot 是如何集成模板引擎的。

首先，在 pom.xml 中添加对 FreeMarker 的依赖：

```xml
<dependency>
    <groupId>org.springframework.boot</groupId>
    <artifactId>spring-boot-starter-freemarker</artifactId>
</dependency>
```

在 resources 目录下建立 static 和 templates 两个目录，如图 2-3 所示。其中 static 目录用于存放静态资源，譬如 CSS、JavaScript 和 HTML 等，templates 目录用于存放模板引擎文件。

图 2-3　新建目录 static 和 templates

然后在 templates 目录下面创建 index.ftl[①]文件，并添加如下内容：

```html
<!DOCTYPE html>
<html>
    <head>
    </head>
    <body>
        <h1>Hello World!</h1>
    </body>
</html>
```

接着创建控制器类：

```java
@Controller
public class PageController {

    @RequestMapping("index.html")
    public String index(){
        return "index";
    }
}
```

---

① freemarker 文件的默认后缀为 .ftl。

最后，启动 Application.java，访问 localhost:8080/demo/index.html，就可以看到如图 2-4 所示的界面。

图 2-4　运行结果

在上述代码中，我们要返回 FreeMarker 模板页面，因此必须将其定义为 @Controller，而不是前面定义的 @RestController。@RestController 相当于 @Controller 和 @ResponseBody 的结合体。标注为 @RestController 注解时，SpringMVC 的视图解析器（ViewResolver）将不起作用，即无法返回 HTML 或 JSP 页面。ViewResolver 的主要作用是把一个逻辑上的视图名解析为一个真正的视图。当我们将一个控制器标注为 @Controller 并返回一个视图名时，ViewResolver 会通过该视图名找到实际的视图，并呈现给客户端。

2.6　更改默认的 JSON 转换器

Spring Boot 默认使用 Jackson 引擎去解析控制器返回的对象，该引擎在性能和便捷性上与第三方引擎（FastJson 和 Gson 等）还有一定的差距，本节将介绍如何将默认转换器替换为 FastJson 转换器。

(1) 在 pom.xml 中添加对 FastJson 的依赖：

```xml
<dependency>
    <groupId>com.alibaba</groupId>
    <artifactId>fastjson</artifactId>
    <version>1.2.47</version>
</dependency>
```

(2) 修改 WebConfig 类，为其添加方法并设置 FastJson 转换器：

```java
@SpringBootConfiguration
public class WebConfig extends WebMvcConfigurationSupport{
    @Override
    public void configureMessageConverters(List<HttpMessageConverter<?>> converters) {
        super.configureMessageConverters(converters);
        FastJsonHttpMessageConverter fastConverter=new FastJsonHttpMessageConverter();
        FastJsonConfig fastJsonConfig=new FastJsonConfig();
        fastJsonConfig.setSerializerFeatures(
                SerializerFeature.PrettyFormat
        );
        List<MediaType> mediaTypeList = new ArrayList<>();
```

```
            //设置编码为UTF-8
            mediaTypeList.add(MediaType.APPLICATION_JSON_UTF8);
            fastConverter.setSupportedMediaTypes(mediaTypeList);
            fastConverter.setFastJsonConfig(fastJsonConfig);
            converters.add(fastConverter);
    }
}
```

首先应继承 `WebMvcConfigurationSupport` 类，该类提供了 Spring Boot 对 Spring MVC 的支持。然后重写 `configureMessageConverters` 方法，该方法配置了消息转换器。如果第三方框架希望处理 Spring MVC 中的请求和响应时，那么需要实现 `HttpMessageConverter` 接口。而在上述代码中，`FastJsonHttpMessageConverter` 便是如此，它实现了 `HttpMessageConverter` 接口，并通过 `FastJsonConfig` 设置 FastJson 的处理参数，如通过 `MediaType` 设置编码为 UTF-8，最后添加到 `HttpMessageConverter` 中。

这样 Spring MVC 在处理响应时就可以将 JSON 解析引擎替换为 FastJson。

> 说明：前面提到，如果控制器返回的是 `String` 类型的值，则需要显式设置编码。我们替换成 FastJson 后，由于已经设置了编码，所以无论是字符串还是对象，都无须设置编码方式，读者可以试一试。

2.7 打包发布到服务器上

Spring Boot 支持使用 jar 和 war 两种方式启动应用，下面分别来介绍这两种方式是怎么启动的。

2.7.1 使用内置 Tomcat 发布 jar 包

由于 Spring Boot 内置了 Tomcat，我们可以将工程打包成 jar，通过 Java 命令运行我们的 Web 工程，具体步骤如下。

(1) 在 pom.xml 文件中添加以下内容：

```xml
<build>
    <finalName>api</finalName>
    <resources>
        <resource>
            <directory>src/main/resources</directory>
            <filtering>true</filtering>
        </resource>
```

```xml
        </resources>
        <plugins>
            <plugin>
                <groupId>org.springframework.boot</groupId>
                <artifactId>spring-boot-maven-plugin</artifactId>
                <configuration>
                    <fork>true</fork>
                 <mainClass>com.lynn.boot.Application</mainClass>
                </configuration>
                <executions>
                    <execution>
                        <goals>
                            <goal>repackage</goal>
                        </goals>
                    </execution>
                </executions>
            </plugin>
            <plugin>
                <artifactId>maven-resources-plugin</artifactId>
                <version>2.5</version>
                <configuration>
                    <encoding>UTF-8</encoding>
                    <useDefaultDelimiters>true</useDefaultDelimiters>
                </configuration>
            </plugin>
            <plugin>
                <groupId>org.apache.maven.plugins</groupId>
                <artifactId>maven-surefire-plugin</artifactId>
                <version>2.18.1</version>
                <configuration>
                    <skipTests>true</skipTests>
                </configuration>
            </plugin>
            <plugin>
                <groupId>org.apache.maven.plugins</groupId>
                <artifactId>maven-compiler-plugin</artifactId>
                <version>2.3.2</version>
                <configuration>
                    <source>1.8</source>
                    <target>1.8</target>
                </configuration>
            </plugin>
        </plugins>
    </build>
```

在 pom.xml 中，`<build>`标签定义了关于 Maven 编译和打包的一些信息。其中，`<finalName>`为打包后的文件名，`<plugins>`设置了编译的一些参数。Maven 支持第三方插件，而 Spring Boot 的编译插件就是 `spring-boot-maven-plugin`，并通过`<mainClass>`指定了启动类。后面 maven-surefire-plugin

就是 Maven 官方提供的用于构建测试用例的插件，如果有单元测试类，它在编译完成后会执行单元测试，单元测试成功后才会打包；如果不希望执行单元测试，那么将`<skipTests>`设置为 `true` 即可。我建议将`<skipTests>`设置为 `true`，如果设置为 `false`，会导致打包时间过长。如果单元测试类中存在对数据库的增删改测试，编译时执行了它，可能会对原有数据造成影响。maven-compiler-plugin 为 Maven 官方提供的指定编译器版本的插件，上述代码中的 `1.8` 表示使用 JDK 1.8 版本编译。

(2) 通过 `mvn clean package` 编译并打包，如图 2-5 所示。

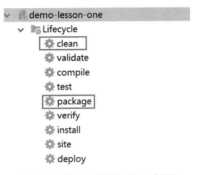

图 2-5　IDEA 编译打包示例图

(3) 将打包的内容上传到服务器中，运行命令：

```
java -jar api.jar
```

这样就能启动一个 Spring Boot 应用。前面提到，可以通过命令参数来设置不同环境或者动态设置参数，那么如何设置呢？下面以设置环境为例，输入命令：

```
java -jar api.jar --spring.profiles.active=dev
```

应用启动时，就会拉取 application-dev.yml 内的配置信息。如果你想改变任何属性值，在`--`后面加上相应的属性名和要改变的属性值即可。

2.7.2　打包成 war 包发布

除了编译成 jar 包发布外，Spring Boot 也支持编译成 war 包部署到 Tomcat。

(1) 在 pom.xml 中将应用打包格式改成 war：

```
<packaging>war</packaging>
```

这里的`<packaging>`就是告诉 Maven，需要编译成何种后缀的文件。

(2) 将<build>标签下的内容修改如下：

```xml
<build>
    <finalName>api</finalName>
    <resources>
        <resource>
            <directory>src/main/resources</directory>
            <filtering>true</filtering>
        </resource>
    </resources>
    <plugins>
        <plugin>
            <groupId>org.springframework.boot</groupId>
            <artifactId>spring-boot-maven-plugin</artifactId>
        </plugin>
        <plugin>
            <artifactId>maven-resources-plugin</artifactId>
            <version>2.5</version>
            <configuration>
                <encoding>UTF-8</encoding>
            </configuration>
        </plugin>
        <plugin>
            <groupId>org.apache.maven.plugins</groupId>
            <artifactId>maven-surefire-plugin</artifactId>
            <version>2.18.1</version>
            <configuration>
                <skipTests>true</skipTests>
            </configuration>
        </plugin>
    </plugins>
</build>
```

上述内容和 2.7.1 节中的内容相似，增加了 maven-resources-plugin 插件，它用于编译 resources 目录下的文件。而在 spring-boot-maven-plugin 插件中无须指定<mainClass>，因为编译后的 war 部署在外部 Tomact 上，它依托于 Tomcat 容器运行，不会执行 main 方法。

(3) 添加 Tomcat 依赖，将<scope>设置为 provided。这样做的目的是编译时去掉 tomcat 包，否则启动时可能会报错。我们也不能直接通过<exclusion>标签去掉 tomcat 包，因为在本地开发时，需要通过 Application 类启动。相关代码如下：

```xml
<dependency>
    <groupId>org.springframework.boot</groupId>
    <artifactId>spring-boot-starter-tomcat</artifactId>
```

```xml
    <scope>provided</scope>
</dependency>
```

（4）修改启动类 Application，它继承了 SpringBootServletInitializer 类，并重写了 configure 方法，以便 Tomcat 在启动时能加载 Spring Boot 应用：

```java
@SpringBootApplication
public class Application extends SpringBootServletInitializer {

    public static void main(String[] args) {
        SpringApplication.run(Application.class,args);
    }
    @Override
    protected SpringApplicationBuilder configure(SpringApplicationBuilder application) {
        return application.sources(Application.class);
    }
}
```

在上述代码中，如果我们是通过外部 Tomcat 启动应用，则可以去掉 main 方法。因为 Tomcat 在启动时会执行 configure 方法，而 configure 方法会调用 source 方法并指定 Application 类，其作用与 main 方法一致。

（5）使用 mvn clean package 编译并打包成 WAR 格式的文件，然后将其复制到 Tomcat 中。启动 Tomcat，可以看到应用能够被正常访问。如果通过外部 Tomcat 启动应用，则 server.port 指定的端口失效，转而使用 Tomcat 设置的端口号。

通过 war 启动程序无法像 jar 包那样，在启动时指定运行环境或其他想要动态改变的参数值，且上下文路径以 war 包的名字为准，还需要自己安装 Tomcat，比较麻烦，因此我推荐优先考虑 jar 包的启动方式。

> **注意：** 如果以 war 方式部署多个 Spring Boot 工程到一个 Tomcat 下，可能会报错，其原因是 Spring Boot 的资源管理是默认打开的，而两个项目同时使用会冲突。此时需要在每个项目中增加以下配置：
>
> ```
> spring:
>     jvm:
>         default-domain: api
> ```
>
> 其中，在 default-domain 后面需要设置 domain 名，以保证每个工程的 domain 不一致，这样才能同时启动多个工程。

2.8　WebFlux 快速入门

Spring Boot 2.0 为我们带来了 WebFlux，它采用 Reactor 作为首选的流式框架，并且提供了对 RxJava 的支持。通过 WebFlux，我们可以建立一个异步的、非阻塞的应用程序。接下来，我们就一起来领略 WebFlux 的风采。

(1) 创建一个基于 Spring Boot 的 Maven 工程，将其命名为 demo-lesson-one-webflux，然后在 pom.xml 文件中添加对 WebFlux 的依赖：

```xml
<dependency>
    <groupId>org.springframework.boot</groupId>
    <artifactId>spring-boot-starter-webflux</artifactId>
</dependency>
```

(2) 编写一个 Handler，用于包装数据：

```java
@Component
public class HelloHandler {

    public Mono<ServerResponse> hello(ServerRequest request) {
        return ServerResponse.ok().contentType(MediaType.TEXT_PLAIN)
            .body(BodyInserters.fromObject("Hello, World!"));
    }
}
```

该类自定义了一个方法，该方法返回 Mono[①] 对象。这里在 ServerResponse 的 body 方法中设置要返回的数据。

(3) 编写接口类，即定义我们通常所说的路由地址（接口地址）：

```java
@SpringBootConfiguration
public class HelloRouter {
    @Bean
    public RouterFunction<ServerResponse> routeHello(HelloHandler helloHandler) {
        return RouterFunctions.route(RequestPredicates.GET("/hello")
            .and(RequestPredicates.accept(MediaType.TEXT_PLAIN)), helloHandler::hello);
    }
}
```

---

① Mono 是 WebFlux 中属于 publisher（发布者）的类。在 WebFlux 中，开发者的方法只需返回 Mono 或 Flux 类即可。

因为路由需要注册到 Spring 容器中，所以该类也需要添加 `@SpringBootConfiguration` 注解，而将返回的路由标识为一个 Bean，这样才能注册到 Spring 容器中。

在上述代码中，我们定义一个方法 `routeHello` 并且返回了 `RouterFunction` 对象。在 `RouterFunction` 中，指定路由地址为 `/hello`，并指定 `Handler` 和对应的方法，即前面创建的 `HelloHandler`。这样通过路由地址 `/hello` 就可以返回 `Handler` 的 `hello` 方法所设置的数据。

(4) 启动 Application.java 并访问地址 localhost:8080/hello，可以看到浏览器正常显示 HelloWorld。

通过控制台，我们可以很清楚地看到它是通过 NettyServer[①] 启动的：

```
Netty started on port(s): 8080
```

这样我们就建立了一个路由地址。细心的读者可以发现，上述代码过于烦琐，Spring Boot 也考虑到了这一点。为了便于将 MVC 应用迁移到 WebFlux，Spring Boot 官方兼容了 WebFlux 和 MVC，即我们可以使用 MVC 的注解来创建 WebFlux 的路由地址。

(1) 创建 `HelloController` 类并编写以下代码：

```java
@RestController
public class HelloController {
    @RequestMapping(value = "hello")
    public Mono<String> hello(){
        return Mono.just("Hello World!");
    }
}
```

可以看到，上述代码和前面编写的代码很相似，只是这里我们需要返回 `Mono` 对象，WebFlux 将数据都包装到 `Mono` 返回，通过调用 `just` 方法即可。`just` 方法传入的参数类型取决于 `Mono` 后面的泛型指定的类型。

(2) 启动 Application.java，我们可以得到和前面代码一样的结果。

说明：如果我们通过 `@Controller` 和 `@Router` 两种方式定义了相同名字的路由地址，则会优先采用 `@Router` 方式。

[①] Netty 是一个异步的、事件驱动的网络应用程序框架。

2.9 小结

通过本章的学习,我们了解了 Spring Boot 的基本用法并感受到了 YAML 的优雅。本章涵盖了一些实际项目中可能会用到的知识点,如常用注解、Spring Boot 默认引擎的集成、JSON 转换器的更改以及编译部署应用等。最后还介绍了目前较为流行的 WebFlux 框架。在后面的内容中,我们将进一步学习 Spring Boot 的其他特性。

第一部分

基础篇

第 3 章

Spring Boot 核心原理

第一部分 基础篇

第 3 章 Spring Boot 核心原理

通过第 2 章的学习，读者应该对 Spring Boot 有了一个大致的认识，利用 Spring Boot 可以极大地简化应用程序的开发，这都归功于 Spring Boot 的四大核心原理：起步依赖、自动配置、Actuator 和 Spring Boot 命令行。本章中，我们将深入探讨 Spring Boot 的核心原理，以便读者能更好地学习和使用 Spring Boot。

3.1 起步依赖机制

我们在使用 Spring Boot 搭建框架时，使用最频繁的特性就是起步依赖。所谓起步依赖，其本质是 Maven 项目的对象模型，通过传递依赖，我们很容易集成第三方框架。

起步依赖最明显的特征就是它的名称中包含 starter，比如要集成 Spring MVC 时，只需要添加 spring-boot-starter-web 依赖即可。通过它的名称就可以看出，该依赖主要用于提供 Web 支持。如果你曾使用过原生的 Spring MVC 框架，应该知道，我们需要添加很多依赖包才能正确集成 Spring MVC。而在 Spring Boot 中，我们无须添加这些依赖，因为 Spring MVC 的所有依赖包都包含在 spring-boot-starter-web 中。

起步依赖还有一个好处，那就是版本管理。往常如果我们要集成一个第三方框架，需要知道它的版本号以及 Maven 如何依赖它，如果该第三方框架升级，还需要手动修改版本号并考虑是否存在版本冲突等问题。而通过添加 spring-boot-starter 依赖，这一切都迎刃而解了。

Spring Boot 的起步依赖的原则是，所有正式的启动程序都应遵循 spring-boot-starter-* 的命名格式。许多 IDE 中的 Maven 集成允许按名称搜索依赖项。例如，安装了适当的 Eclipse 或 STS 插件后，你可以在 POM Editor 按下 "Ctrl+空格" 组合键，然后键入 spring boot starter 获得完整的框架列表。Spring Boot 官方集成了目前最流行的大多数应用程序框架，当我们希望集成某种功能时，只需要在官网（https://spring.io）或 IDE 中搜索对应依赖项并导入到应用即可。

图 3-1 列举了 Spring Boot 官方集成的一些第三方框架。

Name	Description	Pom
spring-boot-starter	Core starter, including auto-configuration support, logging and YAML	Pom
spring-boot-starter-activemq	Starter for JMS messaging using Apache ActiveMQ	Pom
spring-boot-starter-amqp	Starter for using Spring AMQP and Rabbit MQ	Pom
spring-boot-starter-aop	Starter for aspect-oriented programming with Spring AOP and AspectJ	Pom
spring-boot-starter-artemis	Starter for JMS messaging using Apache Artemis	Pom
spring-boot-starter-batch	Starter for using Spring Batch	Pom
spring-boot-starter-cache	Starter for using Spring Framework's caching support	Pom
spring-boot-starter-cloud-connectors	Starter for using Spring Cloud Connectors which simplifies connecting to services in cloud platforms like Cloud Foundry and Heroku	Pom
spring-boot-starter-data-cassandra	Starter for using Cassandra distributed database and Spring Data Cassandra	Pom
spring-boot-starter-data-cassandra-reactive	Starter for using Cassandra distributed database and Spring Data Cassandra Reactive	Pom
spring-boot-starter-data-couchbase	Starter for using Couchbase document-oriented database and Spring Data Couchbase	Pom
spring-boot-starter-data-couchbase-reactive	Starter for using Couchbase document-oriented database and Spring Data Couchbase Reactive	Pom
spring-boot-starter-data-elasticsearch	Starter for using Elasticsearch search and analytics engine and Spring Data Elasticsearch	Pom
spring-boot-starter-data-jdbc	Starter for using Spring Data JDBC	Pom
spring-boot-starter-data-jpa	Starter for using Spring Data JPA with Hibernate	Pom
spring-boot-starter-data-ldap	Starter for using Spring Data LDAP	Pom
spring-boot-starter-data-mongodb	Starter for using MongoDB document-oriented database and Spring Data MongoDB	Pom

图 3-1 Spring Boot 官方集成的一些第三方框架

当然，如果我们在使用某种功能时，官方没有对应的 starter 依赖，也可以自定义 starter 满足需求。注意，我们在自定义时，命名通常以项目名开始，而不应该以 spring-boot 开始，因为它是为官方的 Spring Boot 构建而保留的。例如名为 thirdpartyproject 的第三方启动程序项目通常命名为 thirdpartyproject-spring-boot-starter。

Spring Boot 起步依赖的核心思想其实就是依赖传递。如果我们需要自定义 starter 依赖，只需要按照官方对 starter 的命名规则创建一个工程，然后将我们期望的依赖包添加进工程并发布到本地仓库或服务器上的 Maven 私服即可。这样我们在应用中只需依赖自定义的 starter 即可。

3.2 自动配置管理

Spring Boot 另一个非常强大的特性就是自动配置管理，通过该特性，我们可以在程序启动时向 Spring 容器中导入很多配置信息。在传统的 Spring MVC 架构中，我们一般通过烦琐的 XML 文件导入配置或注入 Bean；而在 Spring Boot 中，这一切都将成为历史。

其实在第 2 章中，我们已经接触到了它。当创建一个 Spring Boot 应用时，都会提供一个启动类，

该类添加了 @SpringBootApplication 注解，注解内部包含了 @EnableAutoConfiguration 注解，它便是 Spring Boot 的自动配置管理器。通过添加 @EnableAutoConfiguration 注解，可以自动加载配置信息。

以端口设置为例，我们在 application.yml 中通过 server.port 定义好端口后，Spring Boot 应用启动时就会设置为该端口号，那么它是如何实现的呢？其实，application.yml 中的所有配置文件最终都会转化为实体类。Spring Boot 会将配置属性的实体类的名称以 Properties 结尾，放在 org.springframework.boot.autoconfigure 包下。server.port 对应的实体类就是 ServerProperties，其源码如下：

```
@ConfigurationProperties(prefix = "server", ignoreUnknownFields = true)
public class ServerProperties {
    private Integer port;
    ...
}
```

该类首先加入了 @ConfigurationProperties 注解，其作用就是定义配置属性，其中 prefix 是属性前缀，这里为 server。因此，server.port 对应的就是 ServerProperties 类的 port 字段，在程序启动时，Spring Boot 配置管理器会自动将 server.port 装载到 ServerProperties 类的 port 字段中。

通过这种方式，我们完全可以"依葫芦画瓢"，在 application.yml 中定义自己的配置属性，并通过 Spring Boot 自动配置管理特性将其实例化到自定义类中。例如，我们在集成第三方平台时，一般都会要求传入 appKey 和 appSecret，这时就可以将它们定义到 application.yml 中，如：

```
third:
    appKey: 1
    appSecret: 1
```

然后创建 Properties 类以便提取配置信息，代码如下：

```
@ConfigurationProperties(prefix = "third")
@Component
public class ThirdProperties {
    private String appKey;
    private String appSecret;
    public String getAppKey() {
        return appKey;
    }
    public void setAppKey(String appKey) {
        this.appKey = appKey;
```

```java
    }
    public String getAppSecret() {
        return appSecret;
    }
    public void setAppSecret(String appSecret) {
        this.appSecret = appSecret;
    }
    @Override
    public String toString() {
        return JSON.toJSONString(this);
    }
}
```

这里首先将前缀设置为 third，注意字段名和 application.yml 中定义的属性名要一致（驼峰命名的允许转为用短横线隔开，如 appKey 可以写成 app-key）。此外，必须添加 @Component 注解，否则无法装载到 Spring 容器中，这样我们就可以通过 @Autowired 注解注入并使用它，如：

```java
@Autowired
private ThirdProperties thirdProperties;
```

3.3 Actuator 监控管理

Actuator 是 Spring Boot 的一个非常强大的功能，它可以实现应用程序的监控管理，比如帮助我们收集应用程序的运行情况、监测应用程序的健康状况以及显示 HTTP 跟踪请求信息等。它是我们搭建微服务架构必不可少的环节，是整个系统稳定运行的保障。

在 Spring Boot 中，集成 Actuator 也比较简单，只需要在 pom.xml 中添加以下依赖即可：

```xml
<dependency>
    <groupId>org.springframework.boot</groupId>
    <artifactId>spring-boot-starter-actuator</artifactId>
</dependency>
```

Actuator 内置有很多端点（endpoint），我们通过这些端点可以获得不同的监控信息。但 Actuator 默认只开启 health 和 info 两个端点。如果要开启更多的端点，可以通过以下配置实现：

```yaml
management:
  endpoints:
    web:
      exposure:
        include: '*'
```

其中，'*'表示开启所有端点。当然，也可以指定开启的端点，如：

```
management:
    endpoints:
        web:
            exposure:
                include: health,info,httptrace
```

上述配置表示开启 health、info 和 httptrace 端点。这时启动应用程序，访问地址 localhost:8081/demo/actuator/health，读者通常会在浏览器中看到如图 3-2 所示的界面。

图 3-2　运行结果

上述界面提示为 406，Not Acceptable，说明不能访问该地址。为了解决这个问题，在 Spring Boot 应用中，还需要在 WebConfig 类中添加 @EnableWebMvc 注解，该注解表示启用 WebMVC。之后重启应用并访问 health 端点，就可以看到如图 3-3 所示的界面，其中 status 为 UP 说明当前系统正常运行。

图 3-3　运行结果

表 3-1 列举了 Actuator 内置的端点及其功能。

表 3-1　Actuator 内置的端点及其描述

端　　点	描　　述
auditevents	显示当前应用的审计事件信息
beans	显示应用程序中 Spring Beans 的完整列表
caches	显示可用的缓存

（续）

端　点	描　述
Conditions	显示在配置类和自动配置类中评估的条件以及它们匹配或不匹配的原因
configprops	显示所有 @ConfigurationProperties 的排列列表
env	显示来自 Spring 的 ConfigurableEnvironment 类的属性
flyway	显示任意 Flyway 数据库迁移路径
health	显示应用程序的健康信息
httptrace	显示 HTTP 跟踪信息（默认显示最后 100 条请求响应信息）
info	显示任意应用程序信息
integrationgraph	显示 Spring 的集成图
loggers	显示并修改应用程序中日志的配置信息
liquibase	显示任意 Liquibase 数据库迁移路径
metrics	显示当前应用程序的 metrics 信息
mappings	显示应用程序中所有 @RequestMapping 路径的排列列表
scheduledtasks	显示应用程序的计划任务
sessions	允许从支付 Spring 会话的会话存储中检索和删除用户会话，当使用 Spring Session 支持的 Reactive Web 应用程序时不可用
shutdown	让应用程序正常关闭
threaddump	执行线程转储

3.4 Spring Boot CLI 命令行工具

Spring Boot CLI（Command Line Interface）是一款用于快速搭建基于 Spring 原型的命令行工具。它支持运行 Groovy 脚本，这意味着你可以拥有一个与 Java 语言类似的没有太多样板代码的语法。通过 CLI 来使用 Spring Boot 不是唯一方式，但它是让 Spring 应用程序"脱离地面"的最快速方法。[①]

3.4.1 安装

要使用 CLI，首先应从 Spring 官方仓库上下载 CLI 的 release 版本，地址是 https://repo.spring.io/release/org/springframework/boot/spring-boot-cli/2.0.3.RELEASE/spring-boot-cli-2.0.3.RELEASE-bin.zip。

下载完成并解压后，打开 spring-2.0.3.RELEASE 文件夹，进入 bin 目录，可以看到两个脚本文件，

---

① Spring Boot 官方文档翻译原文，"脱离地面"就是指框架搭建完成。

其中 spring 用于 Linux 平台，spring.bat 用于 Windows 平台。Spring Boot CLI 依赖 Groovy，但是我们不用单独安装它，因为它已经包含到 Spring Boot CLI 的依赖中了。

可以先将 spring.bat 设置到环境变量中，如图 3-4 所示。

图 3-4　Spring Boot CLI 环境变量设置

然后打开 cmd 命令行工具，输入 spring --version，可以查看当前 Spring Boot CLI 的版本号，如：

```
C:\Users\lynn>spring --version
Spring CLI v2.0.3.RELEASE
```

这样 Spring Boot CLI 就安装完成了。

3.4.2　用法

前面提到过，我们可以通过运行 Groovy 脚本来快速构建 Spring Boot 应用。因此，需要先创建一个 Groovy 脚本文件，并编写以下代码：

```
@RestController
class HelloController {
    @RequestMapping("/")
    def home() {
```

```
        "Hello World!"
    }
}
```

上述代码和 Java 语法很像,它其实就是 Groovy 脚本代码。看这样一段代码,读者是否似曾相似呢?没错,它和我们编写的控制器类的代码是一样的,编写好这段代码并运行命令:

```
spring run app.groovy
```

其中,`app.groovy` 就是你编写的 Groovy 脚本文件名。第一次启动时,Spring Boot CLI 会下载很多依赖包,因此可能需要等待一段时间,启动完成后,访问 localhost:8080,浏览器就会打印 Hello World!。

当然,如果读者对 Groovy 的语法不是很熟悉,我们还可以编写 Java 代码,如:

```
@RestController
public class HelloController {
    @RequestMapping("/")
    public String home() {
        return "Hello World!";
    }
}
```

需要注意的是,文件后缀需要改成 .java,然后运行命令 `spring run app.java` 即可。

3.5 小结

Spring Boot 最核心的部分不外乎起步依赖机制、自动配置管理、Actuator 监控管理和 Spring Boot CLI 命令行工具,本章对它们分别进行了剖析。通过对四大核心的研究,读者应该对 Spring Boot 有了更深的了解,并为后面学习 Spring Cloud 打下坚实的基础。

第一部分 基础篇

第 4 章

Spring Cloud 概述

第一部分 基础篇

第 4 章 Spring Cloud 概述

从本章开始，我们将正式踏上探索 Spring Cloud 秘密的旅程。学完本书后，读者将学会搭建一个完整的分布式架构，从而向架构师的目标靠近。

4.1 简介

Spring Cloud 基于 Spring Boot，是微服务架构思想的一个具体实现，它为开发人员提供了一些快速构建分布式系统中常见模式的工具，如配置管理、服务发现、熔断器、智能路由、微代理、控制总线等。Spring Cloud 的底层基于 Spring Boot 框架，它不重复"造轮子"，而是将一些第三方实现的微服务应用模块集成。

Spring Cloud 是一系列有序框架的集合，下面列举了一些我们在实际项目中可能会用到的子项目。

- Spring Cloud Config：通过 SVN、Git 等仓库使配置集中化存储，配置资源可以直接映射到 Spring Environment 中。
- Spring Cloud Netflix：与 Netflix 开发的各种组件集成，包括服务注册与发现、熔断器、服务网关、Rest 客户端及负载均衡器等。
- Spring Cloud Bus：将服务、服务实例与分布式消息链接在一起的事件总线；用于在集群中传播状态变化；和 Spring Cloud Config 配合，可以实现配置的动态刷新。
- Spring Cloud Consul：进行 Spring Cloud 中的服务注册与发现配置管理。
- Spring Cloud Security：为 Zuul 代理中的负载平衡 OAuth2 REST 客户端和身份验证中继提供支持。
- Spring Cloud Sleuth：用于 Spring Cloud 应用程序的分布式跟踪，兼容 Zipkin、HTrace 和基于日志（例如 ELK）的跟踪。
- Spring Cloud Data Flow：一种能够用于现代运行时并可以组合微服务应用程序的云本地编排服务。易于使用的 DSL、拖放式 GUI 和 REST-API 共同简化了基于微服务的数据管道的整体编排。
- Spring Cloud Stream：轻量级事件驱动的微服务框架，能够快速构建可连接到外部系统的应用程序，用于在 Spring Boot 应用程序之间使用 Apache Kafka 或 RabbitMQ 发送和接收消息。
- Spring Cloud Task：一种短暂的微服务框架，用于快速构建执行有限数据处理的应用程序，它用于向 Spring Boot 应用程序中添加功能性和非功能性的简单声明。

- **Spring Cloud Gateway**：一款基于 Project Reactor 的智能可编程路由器。由于 Zuul 2.0 版本的开发经常跳票，所以 Spring 官方开发了路由网关以支持 Spring Boot 2.0 及新版 Spring Cloud。
- **Spring Cloud OpenFeign**：基于 Netflix Feign，是一个声明式的 HTTP 客户端，可以轻松实现服务间接口调用。
- **Spring Cloud Function**：通过函数促进业务逻辑的实现，它支持无服务器提供商之间的统一编程模型以及独立运行（本地或 PaaS）。

这些项目不会全部集中在一个应用上，将它们列举出来的目的是方便读者在构建基于 Spring Cloud 的微服架构时，可根据实际应用情况选择一些适合的组件集成到应用中。

4.2 优缺点

在技术更新如此频繁的时代中，存活下来的框架必然有它的优点。那么，Spring Cloud 有什么优点呢？下面我们就来探讨一下。

- **集大成者**：包含了微服务架构的方方面面。
- **约定优于配置**：基于注解，没有配置文件。
- **轻量级组件**：整合的组件大多比较轻量，且都是各自领域的佼佼者。
- **开发简便**：对组件进行了大量封装，从而简化了开发。
- **开发灵活**：组件都是解耦的，开发人员可以灵活按需选择组件。

事物都有双面性，Spring Cloud 也不例外，它主要有以下缺点。

- **项目结构复杂**：每一个组件或者每一个服务都需要创建一个项目。
- **部署门槛高**：需要配合 Docker 等容器技术进行集群部署。而要想深入了解 Docker，学习成本比较高。

Spring Cloud 的优势是显而易见的，因此对于想研究微服务架构的读者来说，学习 Spring Cloud 是一个不错的选择。

4.3 现状

目前，国内使用 Spring Cloud 作为主要技术栈的公司并不多见，这并不是因为 Spring Cloud 不好，主要原因有以下几点。

- Spring Cloud 中文文档较少，出现问题找不到太多的解决方案。
- 国内创业型公司的技术老大很多曾就职于阿里巴巴，他们多采用 Dubbo 来构建微服务架构。
- 大型公司基本都有自己的分布式解决方案，而中小型公司的架构很多用不上微服务，所以没有采用 Spring Cloud 的必要性。

但是微服务架构是一个趋势，而 Spring Cloud 是微服务解决方案中的佼佼者，这也是我编写本书的意义所在。

4.4 开始 Spring Cloud 实战

学习任何一门语言或者一种框架，都是由 Hello World 开始的，本书也不例外。在正式进入实战之前，我们先来搭建一个最简单的 Spring Cloud 框架，以便大家能够领略其强大之处。

4.4.1 技术储备

在开始 Spring Cloud 学习之前，读者应该拥有以下技术储备。

- **Java 基础**：如果你的 Java 基础还不够扎实，建议先学习相关内容，再来阅读本书。
- **Spring MVC**：Spring Cloud 基于 Spring Boot，而 Spring Boot 又基于 Spring MVC，因此读者需要具备 Spring MVC 框架的基础。

4.4.2 准备工作

本书采用 IntelliJ IDEA 开发 Spring Cloud 项目，若读者尚未安装该工具，可以从其官网 https://www.jetbrains.com/idea/ 下载最新版。图 4-1 是我所用的 IDEA 的详细版本信息。

图 4-1 IntelliJ IDEA 版本信息

本书所用的 Spring Boot 版本为 2.0.3.RELEASE，Spring Cloud 版本为 Finchley.RELEASE，因此 JDK 的版本至少在 1.8 以上。此外，书中也包含了大量 lambda 表达式，读者也需要了解 lambda 表达式，否则有些代码可能无法读懂。

4.4.3 从 Hello World 开始你的实战之旅

下面开始搭建一个最简单的 Spring Cloud 框架，主要包括服务的注册与发现、客户端以及服务网关。Spring Cloud 属于微服务架构，会包含多个工程，因此，我们应该先创建一个父工程，并设置 `<packaging>` 为 pom，每个子工程都创建在父工程之下。

打开 IntelliJ IDEA，创建一个 Maven 工程，将其命名为 springclouddemo，然后修改 pom.xml 的内容：

```xml
<packaging>pom</packaging>
<parent>
    <groupId>org.springframework.boot</groupId>
    <artifactId>spring-boot-starter-parent</artifactId>
    <version>2.0.3.RELEASE</version>
    <relativePath/>
</parent>

<properties>
    <project.build.sourceEncoding>UTF-8</project.build.sourceEncoding>
    <project.reporting.outputEncoding>UTF-8</project.reporting.outputEncoding>
    <java.version>1.8</java.version>
</properties>

<dependencies>
    <dependency>
        <groupId>org.springframework.cloud</groupId>
        <artifactId>spring-cloud-starter-netflix-hystrix</artifactId>
    </dependency>
</dependencies>

<dependencyManagement>
    <dependencies>
        <dependency>
            <groupId>org.springframework.cloud</groupId>
            <artifactId>spring-cloud-dependencies</artifactId>
            <version>Finchley.RELEASE</version>
            <type>pom</type>
            <scope>import</scope>
        </dependency>
    </dependencies>
</dependencyManagement>
```

其中，pom.xml 里面需要添加 Hystrix 熔断器的依赖，这是因为 Spring Cloud 默认加入了该熔断器，如果不添加此依赖，启动子工程时会报错。

父工程创建好后，就可以创建子工程，并实现一个最简单的 Spring Cloud 项目。

1. 服务的注册与发现

Spring Cloud 默认的服务注册与发现组件是 Netflix 的 Eureka 组件（该组件会在第 6 章中详细介绍），本节也是使用它的默认组件来创建服务注册与发现的。

Spring Cloud 将 Eureka 集成到微服务家族中，并对它进行了二次封装，Eureka 负责微服务架构中的服务治理功能。服务治理是微服务架构中的核心思想，它可以实现服务的注册、发现、销毁和续约等。

（1）右击 springclouddemo 工程，在弹出的快捷菜单中选择 New→Module（如图 4-2 所示），在打开的 New Module 窗口中将 ArtifactId 命名为 eurekaserver，如图 4-3 所示，然后一直点击 Next 按钮即可。

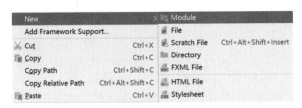

图 4-2　快捷菜单

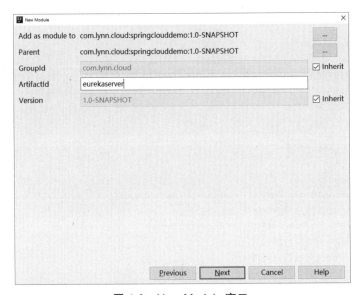

图 4-3　New Module 窗口

(2) 在 pom.xml 文件中添加如下依赖：

```xml
<dependencies>
    <dependency>
        <groupId>org.springframework.cloud</groupId>
        <artifactId>spring-cloud-starter-netflix-eureka-server</artifactId>
    </dependency>
</dependencies>
```

Eureka 组件分为服务端和客户端，服务端负责管理客户端，比如注册、销毁和续约等。加入上述依赖后，我们就可以将该工程设置为 Eureka 服务端来管理 Eureka 客户端。

(3) 创建启动类 Application：

```
@EnableEurekaServer
@SpringCloudApplication
public class Application {

    public static void main(String[] args) {
        SpringApplication.run(Application.class, args);
    }
}
```

Application 是该工程的启动类。我们知道，一个 Java 程序的入口函数是 main 方法。在上述代码中，我们在 Application 类中添加了 main 方法，并通过 SpringApplication 调用 run 方法，启动一个 Spring Cloud 工程。

此外，我们还在 Application 类中添加了 @EnableEurekaServer 和 @SpringCloudApplication 注解。其中，第一个注解表示将当前工程设置为注册中心，只有加入该注解，当前工程才能作为注册与发现的服务端，后者表明该工程是一个 Spring Cloud 工程。

@SpringCloudApplication 注解的源码如下：

```
@Target({ElementType.TYPE})
@Retention(RetentionPolicy.RUNTIME)
@Documented
@Inherited
@SpringBootApplication
@EnableDiscoveryClient
@EnableCircuitBreaker
public @interface SpringCloudApplication {
}
```

可以发现,它也包含 3 个核心注解:@SpringBootApplication、@EnableDiscoveryClient 和 @EnableCircuitBreaker。@SpringBootApplication 注解在第 2 章中已经讲过,一个 Spring Boot 工程的启动类必须添加该注解,否则无法正确启动工程;@EnableDiscoveryClient 表示该工程可以作为客户端注册到注册中心;@EnableCircuitBreaker 表示开启熔断器,熔断器的相关内容详见第 10 章。

(4) 在 resources 下创建配置文件 application.yml,并添加如下内容:

```yaml
server:
    port: 8761
spring:
    application:
        name: eurekaserver
eureka:
    client:
        register-with-eureka: true
        fetch-registry: false
        service-url:
            defaultZone: http://localhost:8761/eureka/
```

上述配置是注册中心最基本的配置。其中,spring.application.name 定义了当前工程的应用名,Eureka 服务端将以该名称注册,默认全部替换成大写字母;eureka.client.register-with-eureka 用于说明当前工程是否注册到 Eureka 服务端,默认为 true;eureka.client.fetch-registry 可以指示该工程是否应从 Eureka 服务端中获取 Eureka 注册表信息,默认为 true,主要在高可用注册中心或进行负载均衡等场景下使用,而上述示例是单节点 Eureka 服务端,不需要同步其他 Eureka 服务端的信息,因此设置为 false;eureka.client.service-url 指示该工程注册到哪个注册中心下,eureka 为固定值,8761 为注册中心端口。

这样服务的注册与发现就创建完成了,下面我们来测试一下。

(1) 启动 Application 类的 main 方法。

(2) 在浏览器中访问 localhost:8761,就能看到如图 4-4 所示的界面。Eureka 服务端将自己也注册了,而 eurekaserver 就是在 spring.application.name 定义的应用名,Eureka 服务端统一将其转换为大写字母 EUREKASERVER 了。

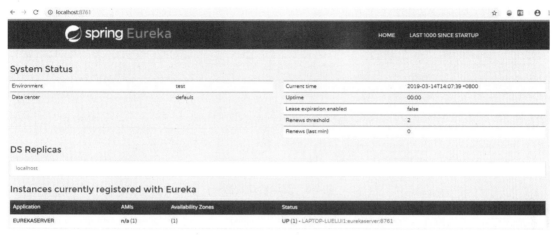

图 4-4　运行结果

2. 客户端

Eureka 服务端搭建完成后，我们继续来搭建客户端。

(1) 创建 Module，将其命名为 eurekaclient，在 pom.xml 文件里添加依赖：

```xml
<dependencies>
    <dependency>
        <groupId>org.springframework.cloud</groupId>
        <artifactId>spring-cloud-starter-netflix-eureka-client</artifactId>
    </dependency>
    <dependency>
        <groupId>org.springframework.boot</groupId>
        <artifactId>spring-boot-starter-web</artifactId>
    </dependency>
</dependencies>
```

其中，`spring-cloud-starter-netflix-eureka-client` 为 Eureka 客户端依赖，只有添加该依赖，我们才能将客户端注册到 Eureka 服务端；`spring-boot-starter-web` 集成了 Spring MVC 框架，在 Eureka 客户端必须添加该依赖，否则无法启动工程。工程启动日志如图 4-5 所示。

```
DiscoveryClient_EUREKACLIENT/LAPTOP-LUELIJI1:eurekaclient:8762 - registration status: 204
DiscoveryClient_EUREKACLIENT/LAPTOP-LUELIJI1:eurekaclient:8762: registering service...
DiscoveryClient_EUREKACLIENT/LAPTOP-LUELIJI1:eurekaclient:8762 - registration status: 204
Unregistering ...
DiscoveryClient_EUREKACLIENT/LAPTOP-LUELIJI1:eurekaclient:8762 - deregister  status: 200
Completed shut down of DiscoveryClient
Unregistering JMX-exposed beans on shutdown
Unregistering JMX-exposed beans
No URLs will be polled as dynamic configuration sources.
To enable URLs as dynamic configuration sources, define System property archaius.configurationSource
```

图 4-5　工程启动日志

通过图 4-5 可以清晰地看到，工程启动后会自动停止。而加上 spring-boot-starter-web 依赖后，我们就能正确启动工程，如图 4-6 所示。

```
Using XML decoding codec XStreamXml
Resolving eureka endpoints via configuration
Starting heartbeat executor: renew interval is: 30
InstanceInfoReplicator onDemand update allowed rate per min is 4
Discovery Client initialized at timestamp 1559717110986 with initial instances count: 0
Registering application eurekaclient with eureka with status UP
Saw local status change event StatusChangeEvent [timestamp=1559717110998, current=UP, previous=STARTING]
DiscoveryClient_EUREKACLIENT/LAPTOP-LUELIJI1:eurekaclient:8762: registering service...
Tomcat started on port(s): 8762 (http) with context path ''
Updating port to 8762
Started Application in 15.325 seconds (JVM running for 20.244)
DiscoveryClient_EUREKACLIENT/LAPTOP-LUELIJI1:eurekaclient:8762 - registration status: 204
```

图 4-6　工程启动日志

(2) 创建启动类 Application，其代码与本节前面的"服务的注册与发现"相同。注意，本启动类只需要添加 @SpringCloudApplication 即可，无须添加 @EnableEurekaServer 注解。

(3) 创建配置文件 application.yml，其代码与本节前面的"服务的注册与发现"相同，只需要将 server.port 设置为 8762，将 spring.application.name 设置为 eurekaclient 即可。

下面来测试一下。

(1) 分别启动 eurekaserver 和 eurekaclient。

(2) 通过浏览器访问 localhost:8761，我们发现 Eureka 客户端（EUREKACLIENT）也被注册上去了，如图 4-7 所示。

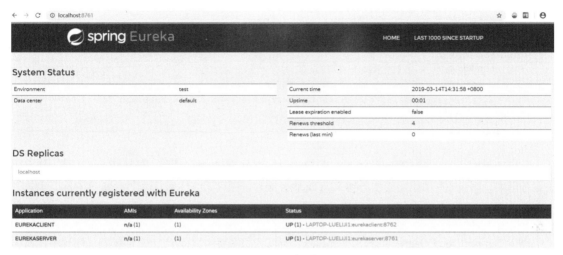

图 4-7 运行结果

3. 服务网关

在 Spring Boot 1.x 时代，Spring Cloud 的默认网关是 Netflix 的 Zuul 1.0，Zuul 2.0 也在持续开发中，但是开发过程一波三折，经常跳票①。于是 Spring Cloud 官方也没有耐心等下去，自己开发了一套路由网关框架，在 Spring Boot 2.0 以后，服务网关有了新的框架，那就是 Spring Cloud Gateway。

Zuul 1.0 是阻塞式网关，也不支持 WebSocket；Zuul 2.0 是非阻塞式网关，并且支持了 WebSocket。由于 Spring Cloud 官方自己开发了一套网关，它采用非阻塞 API，支持 WebSocket、熔断、限流、路由过滤等功能，所以没有必要再集成 Zuul 2.0。当前如果继续依赖 Zuul 的话，依然是 Zuul 1.0。Zuul 1.0 在处理并发性能方面明显不如 Spring Cloud Gateway，因此，本书使用 Spring Cloud Gateway 作为服务网关。

下面我们就来搭建服务网关。

(1) 在 springclouddemo 下创建一个 Module，将其命名为 gateway，然后添加如下依赖：

```
<dependencies>
    <dependency>
        <groupId>org.springframework.boot</groupId>
        <artifactId>spring-boot-starter-webflux</artifactId>
    </dependency>
    <dependency>
```

---

① 跳票是一个金融术语，在这里指一个软件产品的开发被无限制延期，有一种欺诈嫌疑。

```xml
        <groupId>org.springframework.cloud</groupId>
        <artifactId>spring-cloud-starter-gateway</artifactId>
    </dependency>
    <dependency>
        <groupId>org.springframework.cloud</groupId>
        <artifactId>spring-cloud-starter-netflix-eureka-client</artifactId>
    </dependency>
</dependencies>
```

在上面的代码中,我们加入了 spring-cloud-starter-gateway 依赖,这样就可以将该工程设置为服务网关。而服务网关也需要注册到 Eureka 服务端,否则它无法代理其他 Eureka 客户端,也失去了网关的作用,因此也需要添加 spring-cloud-starter-netflix-eureka-client 依赖。

因为 Spring Cloud Gateway 采用 WebFlux,所以我们需要添加 WebFlux 的依赖。注意不能添加 spring-boot-starter-web 依赖,否则启动会报错,如图 4-8 所示。

```
***************************************************************
Spring MVC found on classpath, which is incompatible with Spring Cloud Gateway at this time. Please remove spring-boot-starter-web dependency.
***************************************************************
```

图 4-8 启动报错日志

如果我们要实现动态路由,需要将 Spring Cloud Gateway 注册到注册中心,此时需要添加 Eureka 客户端的依赖。

(2) 创建配置文件 application.yml:

```yaml
server:
    port: 8080
spring:
    application:
        name: gateway
    cloud:
        gateway:
            discovery:
                locator:
                    enabled: true
eureka:
    client:
        register-with-eureka: true
        fetch-registry: true
        service-url:
            defaultZone: http://localhost:8761/eureka/
```

在上述配置中，`eureka.client.fetch-registry` 设置为 `true`，这是因为外部访问通过本服务网关访问具体的 Eureka 客户端，服务网关需要拉取 Eureka 注册表信息，否则无法发现具体的客户端；而 `spring.cloud.gateway.discovery.locator.enabled` 用于设置是否开启动态路由配置，如果将其设置为 `true`，表示 Gateway 会通过注册中心注册的 `serviceId` 去请求指定客户端接口，地址如 http://localhost:gateway port/serviceId/**。这里需要注意的是，通过 Eureka 服务端注册的 `serviceId` 是大写的，如图 4-9 所示。

Application	AMIs	Availability Zones	Status
EUREKACLIENT	n/a (1)	(1)	UP (1) - 192.168.31.219:8762
EUREKASERVER	n/a (1)	(1)	UP (1) - 192.168.31.219:8761
GATEWAY	n/a (1)	(1)	UP (1) - 192.168.31.219:8080

图 4-9 运行结果

因此，请求地址的 `serviceId` 也应写成大写的，因为它是区分大小写的，而 `serviceId` 就是我们在 application.yml 中设置的 `spring.application.name`。

(3) 创建启动类 `Application`。由于服务网关也作为 Eureka 客户端注册到 Eureka 服务端，因此所有客户端代码都几乎同上述"客户端"一样，此处也不例外，所以代码不再给出。

(4) 在 eurekaclient 工程中创建 `HelloController` 类，该类是 Spring MVC 中的控制器：

```
@RestController
public class HelloController {
    @RequestMapping("index")
    public String index(){
        return "这是一个 eurekaclient";
    }
}
```

在上述代码中，我们定义了一个 HTTP 请求方法 `index`，外部环境（如浏览器）可以通过 `index` 地址访问该方法。

然后测试一下。

(1) 分别启动 eurekaserver、eurekaclient 和 gateway 三个工程。

(2) 按照前面讲到的规则，通过浏览器访问 localhost:8080/EUREKACLIENT/index，可以看到如图 4-10 所示的界面。

图 4-10　运行结果

以上就是基于 Spring Cloud 架构创建的最简单的工程，通过这个工程，我们可以了解如何创建注册中心、如何将客户端注册到注册中心，如何通过 Gateway 请求客户端定义的接口。

在本书后面的实战中，我们将进一步研究 Spring Cloud 的各个组件，并且将这些组件合理运用到实际应用中。

4.5　小结

本章中，我们正式进入 Spring Cloud 的学习。任何一门技术入门书，都是从 Hello World 开始的，本书也不例外。本章先介绍了 Spring Cloud 的基本概念、Spring Cloud 的优缺点及发展现状，随后以一个最简单的 Spring Cloud 示例演示了其部分核心思想，即服务的注册与发现、服务网关，使读者对 Spring Cloud 有了初步的了解，为后面的项目开发奠定基础。

第二部分
实 战 篇

第 5 章

项目准备阶段

第二部分 实战篇

第 5 章 项目准备阶段

本章中,我们将开始一个大型实战项目——博客网站。通过"以战代练"的方式来学习如何构建 Spring Cloud 微服务架构,让读者走出理论的丛林,在实践中玩转微服务架构。

我们知道,在正式开始搭建框架之前,首先应分析项目需求,再进行原型和 UI 设计,接着设计数据库结构,最后根据项目特点进行技术选型。本章将依次为大家介绍框架搭建前的准备事宜。

5.1 项目介绍

相信大家都使用过博客,一个完整的博客网站大多包括以下功能。

- 博客列表:通过搜索或者分类展示用户发布的博客列表。
- 评论点赞:每个用户都可以对博客进行评论或点赞。
- 博客收藏:用户可以对自己喜欢的博客进行收藏,方便下次阅读。
- 个人中心:包含用户自己发布的博客列表、账号管理、收藏管理、评论管理等功能。

通过本实战练习,读者将学习到如何搭建注册中心、配置中心和服务网关,了解各服务间如何通信,学会负载均衡的运用,能够通过 Elasticsearch 实现博客搜索,学会消息队列的使用,明白如何制定安全策略来保证博客的安全性,能够利用容器技术发布 Spring Cloud 集群等。

5.2 需求分析

想要实现任何一个应用,第一步应该做需求分析。产品经理需要从用户那里获得第一手需求,并进行整理,经过不断地沟通,最终确定完整需求后进行产品设计。

那么,针对本书要开发的博客网站,先来看一下如图 5-1 所示的流程图,这个图更方便我们分析具体功能。

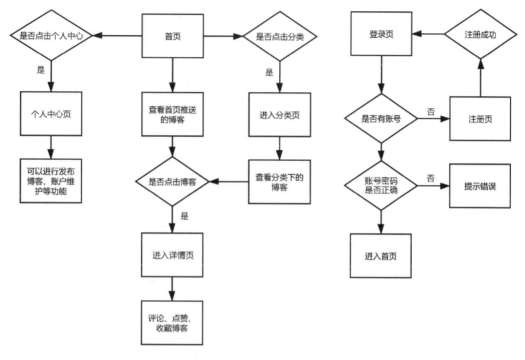

图 5-1　项目流程图

通过图 5-1，可以分析出本博客网站的大致功能。

- 首页会展示一些通过后台管理系统置顶的博客，也可以记录用户浏览习惯，推送一些用户可能感兴趣的博客。
- 通过首页可以进入分类列表，根据分类展示该分类下的博客。
- 点击博客，可以进入指定的博客详情页。登录用户可以对博客评论、点赞和收藏。
- 首页会设置一个搜索功能，根据用户输入模糊搜索博客列表。
- 用户可以在博客网站进行注册并登录，通过首页可以进入个人中心页，其中用户可以发表博客、维护账户、管理收藏夹。

以上就是通过流程图分析的简单的功能需求，通过需求分析，我们就可以设计产品并画出原型图。

5.3　产品设计

产品设计阶段是整个网站开发最重要的阶段，产品设计的成败往往决定着网站的成败。一个好的项目开发，产品设计阶段需要占到整个项目进度的 50%甚至更多，才能保证整个项目开发的合理性。

一个优秀的产品应遵循以下几个原则。

- 用户至上。在设计产品时,我们必须从用户的角度出发,增强用户体验,保证用户以最少的操作完成最多的事情。
- 功能优于炫酷的界面。这条原则和上一条原则并不冲突,因为用户在使用产品时,首先注重该产品功能,其次才是产品的美观。不能一味追求炫酷的界面而忽视了产品功能及用户体验。
- 产品的迭代性。任何一个产品都不可能一蹴而就,需要经过长期的迭代才能逐步完善产品,因此在设计时应考虑产品的迭代开发。

除此之外,我们在设计产品时还应注意权衡用户体验与开发人员的开发成本,在尽可能保证用户体验的前提下,减少开发难度。

根据 5.2 节的需求分析,可以使用 Axure 设计出如图 5-2 到图 5-4 的原型图。

图 5-2　项目原型图 1

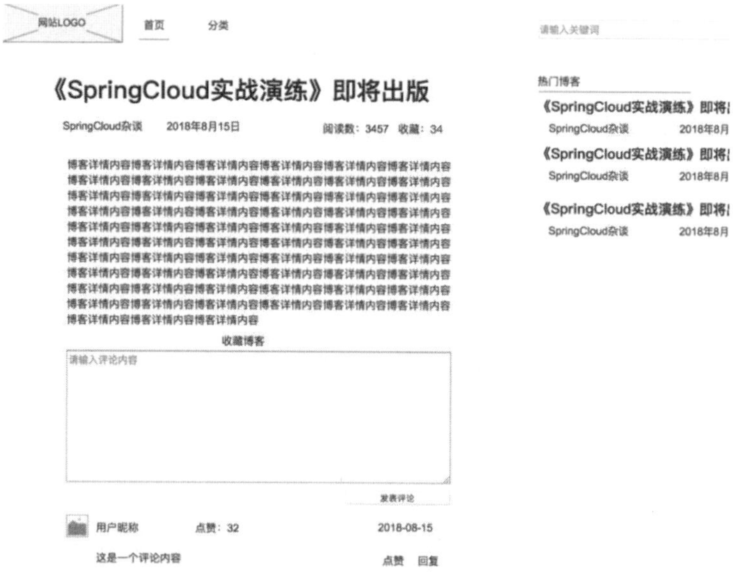

图 5-3　项目原型图 2

图 5-4　项目原型图 3

　　由于篇幅有限，无法将所有原型界面列举出来。要看全部原型设计界面，请自行下载本书的配套资料①。

---

① 本书配套资源可从图灵社区（iTuring.cn）本书主页免费注册下载。

5.4 架构方案分析

对于后端开发人员来说,最重要的莫过于对项目进行架构方案分析,包括技术选型、架构图设计、技术架构搭建等。那么,本节将针对博客网站分析出一套行之有效的微服务架构方案。

5.4.1 技术选型

针对本项目,本书采用微服务架构,选择 Spring Cloud 作为博客网站的微服务解决方案。

本书写作之时,Spring Cloud 官方的最新版本为 Finchley.RELEASE,而 Spring Boot 的最新版本为 2.0.3.RELEASE,本书亦采用此版本。

5.4.2 架构图设计

确定好技术方案后,在创建应用前,我们需要设计项目的架构图,以便将来搭建框架时能够保证架构清晰明了。图 5-5 展示了博客网站的整体架构思路。

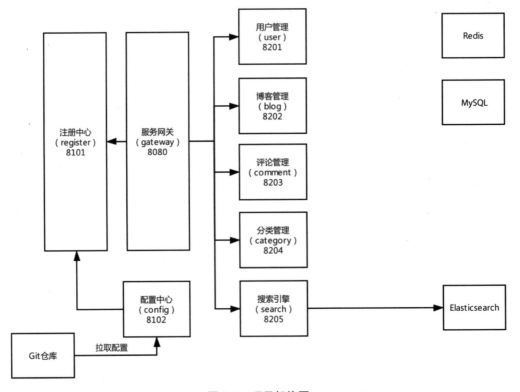

图 5-5 项目架构图

架构图将业务分为几个模块：用户管理（user）、博客管理（blog）、评论管理（comment）、分类管理（category）和搜索引擎（search）。每个模块对应不同的场景，它们分别注册到注册中心（register）中，通过服务网关（gateway）对外提供服务，将配置信息都保存到 Git 仓库，通过配置中心（config）拉取配置。

本项目采用 MySQL 数据库，缓存方面采用 Redis 并使用 Elasticsearch 为搜索引擎提供服务。

5.4.3　根据架构图创建工程

本节中，我们将根据架构设计图创建工程，并且添加好对应的依赖。

(1) 创建一个名为 blog 的父工程，将 `<packaging>` 设置为 pom，如图 5-6 所示。

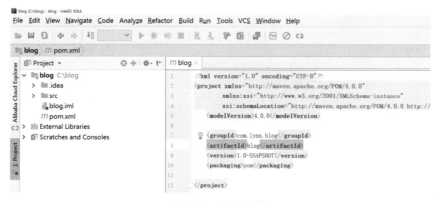

图 5-6　项目工程

(2) 按照架构图 5-5 所示，在 blog 工程下分别创建子工程，创建好后的结构如图 5-7 所示。

图 5-7　项目结构

其中，register 表示注册中心，config 表示配置中心，gateway 表示服务网关，client 包含所有业务模块（blogmgr 表示博客管理，category 表示分类管理，comment 表示评论管理，search 表示搜索引擎，user 表示用户管理），common 表示工程的公共模块，public 表示业务模块的公共类库。

（3）根据工程的作用，添加该工程的基本依赖。可以按照以下操作依次进行。

在 blog 父工程中引入 Spring Boot 和 Spring Cloud 版本：

```xml
<parent>
    <groupId>org.springframework.boot</groupId>
    <artifactId>spring-boot-starter-parent</artifactId>
    <version>2.0.3.RELEASE</version>
    <relativePath/>
</parent>
<dependencyManagement>
    <dependencies>
        <dependency>
            <groupId>org.springframework.cloud</groupId>
            <artifactId>spring-cloud-dependencies</artifactId>
            <version>Finchley.RELEASE</version>
            <type>pom</type>
            <scope>import</scope>
        </dependency>
    </dependencies>
</dependencyManagement>
```

在 register 中添加注册与发现服务模块 eurekaserver：

```xml
<dependencies>
    <dependency>
        <groupId>org.springframework.cloud</groupId>
        <artifactId>spring-cloud-starter-netflix-eureka-server</artifactId>
    </dependency>
</dependencies>
```

在 gateway 中添加 Spring Cloud Gateway 组件：

```xml
<dependency>
    <groupId>org.springframework.cloud</groupId>
    <artifactId>spring-cloud-starter-gateway</artifactId>
</dependency>
```

在 config 中添加 Spring Cloud Config 组件：

```xml
<dependency>
    <groupId>org.springframework.cloud</groupId>
    <artifactId>spring-cloud-starter-config</artifactId>
</dependency>
```

前面提到了 common 为工程的公共模块，因此所有工程都需要依赖它，在每个子工程中加入以下依赖：

```xml
<dependency>
    <artifactId>common</artifactId>
    <groupId>com.lynn.blog</groupId>
    <version>1.0-SNAPSHOT</version>
</dependency>
```

此外，由于从 Spring Cloud Finchley 开始，客户端服务默认集成了熔断器，所以需要引入 hystrix，否则启动会报错；每个模块都可以注册到注册中心，所以要依赖 eurekaclient，以便每个模块都能引用；config 为配置中心客户端的依赖包，在后续创建配置中心的环节中需要用到它；为了简化实体类，还应该引入 lombok 类库。注意要使用 lombok，还需要安装相应的 IDEA 插件，具体安装方法请参看附录 A。因此，在 common 下添加基本的公共依赖项：

```xml
<dependency>
    <groupId>org.springframework.cloud</groupId>
    <artifactId>spring-cloud-starter-netflix-hystrix</artifactId>
</dependency>
<dependency>
    <groupId>org.springframework.cloud</groupId>
    <artifactId>spring-cloud-starter-netflix-eureka-client</artifactId>
</dependency>
<dependency>
    <groupId>org.springframework.cloud</groupId>
    <artifactId>spring-cloud-starter-config</artifactId>
</dependency>
<dependency>
    <groupId>org.springframework.boot</groupId>
    <artifactId>spring-boot-starter-test</artifactId>
</dependency>
<dependency>
    <groupId>org.projectlombok</groupId>
    <artifactId>lombok</artifactId>
    <version>${lombok.version}</version>
</dependency>
```

这样我们就完成了基本工程的创建，在后面的章节中，我将以此工程为基础，带领读者完成博客网站的后端开发。

5.5 数据库结构设计

在正式开发之前，还要进行数据库的设计。数据库结构设计的好坏，往往也决定着系统应用的扩展性，因此这部分工作也是非常重要的。

根据前面的原型设计，就能很好地设计数据库。经过分析，本博客大致有以下数据库表。

- 用户表：用于存放用户信息，包括账号和密码。
- 分类表：用于存放博客的分类列表。
- 博客表：用于存放博客信息，博客信息都是用户发布的，所以会增加用户ID以关联用户表。
- 评论表：用于存放用户对博客的评论内容。
- 点赞表：用于存放用户对评论的点赞记录。
- 收藏表：用于存放用户收藏的博客列表，通过博客ID关联到博客表。

其对应的数据关系图如图5-8所示。

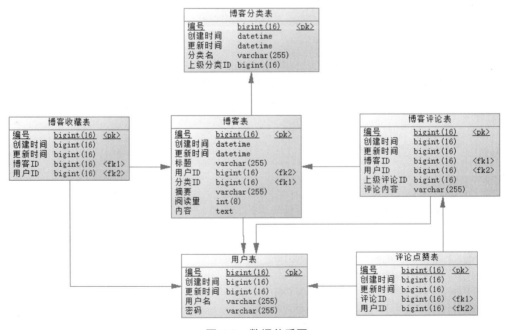

图5-8　数据关系图

5.6 小结

通过本章的学习，我们了解到一个项目从需求分析、产品设计到最后的架构设计的整套流程。在实际的项目中，无论流程如何改变，这些基本思路是不变的。

第二部分
实 战 篇

第 6 章

公共模块封装

第二部分 实战篇

第6章 公共模块封装

从本章开始,我们将学习框架的搭建。由于代码量巨大,本书不可能全部贴出,所以只展示一些核心代码。全部源码可以从本书配套源码中查看。

经过前几章的学习,读者应该对本项目有了大致的了解,也已搭建好了各个基本模块。为了保证应用程序的复用性和可扩展性,我们需要将一些常用的基本方法封装起来,以便各个模块调用。

在一个完整的微服务架构体系中,字符串和日期的处理往往是最多的。在一些安全应用场景下,还会用到加密算法。为了提升应用的扩展性,我们还应对接口进行版本控制。因此,我们需要对这些场景进行一定的封装,方便开发人员使用。本章中,我们优先从公共模块入手搭建一套完整的微服务架构。

6.1 common 工程常用类库的封装

common 工程是整个应用的公共模块,因此,它里面应该包含常用类库,比如日期时间的处理、字符串的处理、加密/解密封装、消息队列的封装等。

6.1.1 日期时间的处理

在一个应用程序中,对日期时间的处理是使用较广泛的操作之一,比如博客发布时间和评论时间等。而时间是以时间戳的形式存储到数据库中的,这就需要我们经过一系列处理才能返回给客户端。

因此,我们可以在 common 工程下创建日期时间处理工具类 DateUtils,其代码如下:

```java
import java.text.ParseException;
import java.text.SimpleDateFormat;
import java.util.Calendar;
import java.util.Date;
public final class DateUtils {
    public static boolean isLegalDate(String str, String pattern) {
        try {
            SimpleDateFormat format = new SimpleDateFormat(pattern);
            format.parse(str);
```

```java
            return true;
        } catch (Exception e) {
            return false;
        }
    }
    public static Date parseString2Date(String str, String pattern) {
        try {
            SimpleDateFormat format = new SimpleDateFormat(pattern);
            return format.parse(str);
        } catch (ParseException e) {
            e.printStackTrace();
            return null;
        }
    }
    public static Calendar parseString2Calendar(String str, String pattern){
        return parseDate2Calendar(parseString2Date(str, pattern));
    }
    public static String parseLong2DateString(long date,String pattern) {
        SimpleDateFormat sdf = new SimpleDateFormat(pattern);
        String sd = sdf.format(new Date(date));
        return sd;
    }
    public static Calendar parseDate2Calendar(Date date) {
        Calendar calendar = Calendar.getInstance();
        calendar.setTime(date);
        return calendar;
    }
    public static Date parseCalendar2Date(Calendar calendar) {
        return calendar.getTime();
    }
    public static String parseCalendar2String(Calendar calendar, String pattern) {
        return parseDate2String(parseCalendar2Date(calendar), pattern);
    }
    public static String parseDate2String(Date date, String pattern) {
        SimpleDateFormat format = new SimpleDateFormat(pattern);
        return format.format(date);
    }
    public static String formatTime(long time) {
        long nowTime = System.currentTimeMillis();
        long interval = nowTime - time;
        long hours = 3600 * 1000;
        long days = hours * 24;
        long fiveDays = days * 5;
        if (interval < hours) {
            long minute = interval / 1000 / 60;
```

```
            if (minute == 0) {
                return "刚刚";
            }
            return minute + "分钟前";
        } else if (interval < days) {
            return interval / 1000 / 3600 + "小时前";
        } else if (interval < fiveDays) {
            return interval / 1000 / 3600 / 24 + "天前";
        } else {
            Date date = new Date(time);
            return parseDate2String(date, "MM-dd");
        }
    }
}
```

在处理日期格式时，我们可以调用上述代码提供的方法，如判断日期是否合法的方法 isLegalDate。我们在做日期转换时，可以调用以 parse 开头的这些方法，通过方法名大致能知道其含义，如 parseCalendar2String 表示将 Calendar 类型的对象转化为 String 类型，parseDate2String 表示将 Date 类型的对象转化为 String 类型，parseString2Date 表示将 String 类型转化为 Date 类型。

当然，上述代码无法囊括所有对日期的处理。如果你在开发过程中有新的处理需求时，可以在 DateUtils 中新增方法。

另外，我们在做项目开发时应遵循"不重复造轮子"的原则，即尽可能引入成熟的第三方类库。目前，市面上对日期处理较为成熟的框架是 Joda-Time，其引入方法也比较简单，只需要在 pom.xml 加入其依赖即可，如：

```
<dependency>
    <groupId>joda-time</groupId>
    <artifactId>joda-time</artifactId>
    <version>2.10.1</version>
</dependency>
```

使用 Joda-Time 也比较简单，只需构建 DateTime 对象，通过 DateTime 对象进行日期时间的操作即可。如取得当前日期后 90 天的日期，可以编写如下代码：

```
DateTime dateTime = new DateTime();
    System.out.println(dateTime.plusDays(90).toString("yyyy-MM-dd HH:mm:ss"));
```

Joda-Time 是一个高效的日期处理工具，它作为 JDK 原生日期时间类的替代方案，被越来越多的人使用。在进行日期时间处理时，你可优先考虑它。

6.1.2 字符串的处理

在应用程序开发中，字符串可以说是最常见的数据类型，对它的处理也是最普遍的，比如需要判断字符串的非空性、随机字符串的生成等。接下来，我们就来看一下字符串处理工具类 StringUtils：

```java
public final class StringUtils {
    private static final char[] CHARS ={'0','1','2','3','4','5','6','7','8','9'};
    private static int char_length = CHARS.length;
    public static boolean isEmpty(String str){
        return null == str || str.length() == 0;
    }
    public static boolean isNotEmpty(String str){
        return !isEmpty(str);
    }
    public static boolean isBlank(String str) {
        int strLen;
        if (null == str || (strLen = str.length()) == 0) {
            return true;
        }
        for (int i = 0; i < strLen; i++) {
            if (!Character.isWhitespace(str.charAt(i))) {
                return false;
            }
        }
        return true;
    }
    public static boolean isNotBlank(String str){
        return !isBlank(str);
    }
    public static String randomString(int length){
        StringBuilder builder = new StringBuilder(length);
        Random random = new Random();
        for (int i = 0; i < length; i++) {
            builder.append(random.nextInt(char_length));
        }
        return builder.toString();
    }
    public static String uuid(){
        return UUID.randomUUID().toString().replace("-", "");
    }
```

```
    private StringUtils(){
        throw new AssertionError();
    }
}
```

字符串亦被称作万能类型，任何基本类型（如整型、浮点型、布尔型等）都可以用字符串代替，因此我们有必要进行字符串基本操作的封装。

上述代码封装了字符串的常用操作，如 isEmpty 和 isBlank 均用于判断是否为空，区别在于：isEmpty 单纯比较字符串长度，长度为 0 则返回 true，否则返回 false，如 " "（此处表示空格）将返回 false；而 isBlank 判断是否真的有内容，如 " "（此处表示空格）返回 true。同理，isNotEmpty 和 isNotBlank 均判断是否不为空，区别同上。randomString 表示随机生成 6 个数字的字符串，常用于短信验证码的生成。uuid 用于生成唯一标识，常用于数据库主键、文件名的生成。

6.1.3 加密/解密封装

对于一些敏感数据，比如支付数据、订单数据和密码，在 HTTP 传输过程或数据存储中，我们往往需要对其进行加密，以保证数据的相对安全，这时就需要用到加密和解密算法。

目前常用的加密算法分为对称加密算法、非对称加密算法和信息摘要算法。

- **对称加密算法**：加密和解密都使用同一个密钥的加密算法，常见的有 AES、DES 和 XXTEA。
- **非对称加密算法**：分别生成一对公钥和私钥，使用公钥加密，私钥解密，常见的有 RSA。
- **信息摘要算法**：一种不可逆的加密算法。顾名思义，它只能加密而无法解密，常见的有 MD5、SHA-1 和 SHA-256。

本书的实战项目用到了 AES、RSA、MD5 和 SHA-1 算法，故在 common 工程下对它们分别进行了封装。

(1) 在 pom.xml 中下添加依赖：

```
<dependency>
    <groupId>commons-codec</groupId>
    <artifactId>commons-codec</artifactId>
</dependency>
<dependency>
    <groupId>commons-io</groupId>
    <artifactId>commons-io</artifactId>
    <version>2.6</version>
</dependency>
```

在上述依赖中，commons-codec 是 Apache 基金会提供的用于信息摘要和 Base64 编码解码的包。在常见的对称和非对称加密算法中，都会对密文进行 Base64 编码。而 commons-io 是 Apache 基金会提供的用于操作输入输出流的包。在对 RSA 的加密/解密算法中，需要用到字节流的操作，因此需要添加此依赖包。

(2) 编写 AES 算法：

```java
import javax.crypto.spec.SecretKeySpec;
public class AesEncryptUtils {
    private static final String ALGORITHMSTR = "AES/ECB/PKCS5Padding";
    public static String base64Encode(byte[] bytes) {
        return Base64.encodeBase64String(bytes);
    }
    public static byte[] base64Decode(String base64Code) throws Exception {
        return Base64.decodeBase64(base64Code);
    }
    public static byte[] aesEncryptToBytes(String content, String encryptKey) throws Exception {
        KeyGenerator kgen = KeyGenerator.getInstance("AES");
        kgen.init(128);
        Cipher cipher = Cipher.getInstance(ALGORITHMSTR);
        cipher.init(Cipher.ENCRYPT_MODE, new SecretKeySpec(encryptKey.getBytes(), "AES"));
        return cipher.doFinal(content.getBytes("utf-8"));
    }
    public static String aesEncrypt(String content, String encryptKey) throws Exception {
        return base64Encode(aesEncryptToBytes(content, encryptKey));
    }
    public static String aesDecryptByBytes(byte[] encryptBytes, String decryptKey) throws Exception {
        KeyGenerator kgen = KeyGenerator.getInstance("AES");
        kgen.init(128);
        Cipher cipher = Cipher.getInstance(ALGORITHMSTR);
        cipher.init(Cipher.DECRYPT_MODE, new SecretKeySpec(decryptKey.getBytes(), "AES"));
        byte[] decryptBytes = cipher.doFinal(encryptBytes);
        return new String(decryptBytes);
    }
    public static String aesDecrypt(String encryptStr, String decryptKey) throws Exception {
        return aesDecryptByBytes(base64Decode(encryptStr), decryptKey);
    }
}
```

上述代码是通用的 AES 加密算法，加密和解密需要统一密钥，密钥是自定义的任意字符串，长度为 16 位、24 位或 32 位。这里调用 aesEncrypt 方法进行加密，其中第一个参数为明文，第二个参数为密钥；调用 aesDecrypt 进行解密，其中第一个参数为密文，第二个参数为密钥。

我们注意到，代码中定义了一个字符串常量 ALGORITHMSTR，其内容为 AES/ECB/PKCS5Padding，它定义了对称加密算法的具体加解密实现，其中 AES 表示该算法为 AES 算法，ECB 为加密模式，PKCS5Padding 为具体的填充方式，常用的填充方式还有 PKCS7Padding 和 NoPadding 等。使用不同的方式对同一个字符串加密，结果都是不一样的。因此，我们在设置加密算法时需要和客户端统一，否则客户端无法正确解密服务端返回的密文。

(3) 编写 RSA 算法：

```java
public class RSAUtils {
    public static final String CHARSET = "UTF-8";
    public static final String RSA_ALGORITHM = "RSA";

    public static Map<String, String> createKeys(int keySize){
        KeyPairGenerator kpg;
        try{
            kpg = KeyPairGenerator.getInstance(RSA_ALGORITHM);
            Security.addProvider(new com.sun.crypto.provider.SunJCE());
        }catch(NoSuchAlgorithmException e){
            throw new IllegalArgumentException("No such algorithm-->[" + RSA_ALGORITHM + "]");
        }
        kpg.initialize(keySize);
        KeyPair keyPair = kpg.generateKeyPair();
        Key publicKey = keyPair.getPublic();
        String publicKeyStr = Base64.encodeBase64String(publicKey.getEncoded());
        Key privateKey = keyPair.getPrivate();
        String privateKeyStr = Base64.encodeBase64String(privateKey.getEncoded());
        Map<String, String> keyPairMap = new HashMap<>(2);
        keyPairMap.put("publicKey", publicKeyStr);
        keyPairMap.put("privateKey", privateKeyStr);
        return keyPairMap;
    }

    public static RSAPublicKey getPublicKey(String publicKey) throws NoSuchAlgorithmException,
        InvalidKeySpecException {
        KeyFactory keyFactory = KeyFactory.getInstance(RSA_ALGORITHM);
        X509EncodedKeySpec x509KeySpec = new X509EncodedKeySpec(Base64.decodeBase64
            (publicKey));
        RSAPublicKey key = (RSAPublicKey) keyFactory.generatePublic(x509KeySpec);
        return key;
    }
```

```java
public static RSAPrivateKey getPrivateKey(String privateKey) throws
    NoSuchAlgorithmException, InvalidKeySpecException {
    KeyFactory keyFactory = KeyFactory.getInstance(RSA_ALGORITHM);
    PKCS8EncodedKeySpec pkcs8KeySpec = new PKCS8EncodedKeySpec(Base64.decodeBase64
        (privateKey));
    RSAPrivateKey key = (RSAPrivateKey) keyFactory.generatePrivate(pkcs8KeySpec);
    return key;
}

public static String publicEncrypt(String data, RSAPublicKey publicKey){
    try{
        Cipher cipher = Cipher.getInstance("RSA/ECB/PKCS1Padding");
        cipher.init(Cipher.ENCRYPT_MODE, publicKey);
        return Base64.encodeBase64String(rsaSplitCodec(cipher, Cipher.ENCRYPT_MODE,
            data.getBytes(CHARSET), publicKey.getModulus().bitLength()));
    }catch(Exception e){
        throw new RuntimeException("加密字符串[" + data + "]时遇到异常", e);
    }
}

public static String privateDecrypt(String data, RSAPrivateKey privateKey){
    try{
        Cipher cipher = Cipher.getInstance("RSA/ECB/PKCS1Padding");
        cipher.init(Cipher.DECRYPT_MODE, privateKey);
        return new String(rsaSplitCodec(cipher, Cipher.DECRYPT_MODE,
            Base64.decodeBase64(data), privateKey.getModulus().bitLength()), CHARSET);
    }catch(Exception e){
        e.printStackTrace();
        throw new RuntimeException("解密字符串[" + data + "]时遇到异常", e);
    }
}

private static byte[] rsaSplitCodec(Cipher cipher, int opmode, byte[] datas, int keySize){
    int maxBlock = 0;
    if(opmode == Cipher.DECRYPT_MODE){
        maxBlock = keySize / 8;
    }else{
        maxBlock = keySize / 8 - 11;
    }
    ByteArrayOutputStream out = new ByteArrayOutputStream();
    int offSet = 0;
    byte[] buff;
    int i = 0;
    try{
        while(datas.length > offSet){
```

```
                    if(datas.length-offSet > maxBlock){
                        buff = cipher.doFinal(datas, offSet, maxBlock);
                    }else{
                        buff = cipher.doFinal(datas, offSet, datas.length-offSet);
                    }
                    out.write(buff, 0, buff.length);
                    i++;
                    offSet = i * maxBlock;
                }
            }catch(Exception e){
                e.printStackTrace();
                throw new RuntimeException("加解密阀值为["+maxBlock+"]的数据时发生异常", e);
            }
            byte[] resultDatas = out.toByteArray();
            IOUtils.closeQuietly(out);
            return resultDatas;
        }
    }
```

前面提到了 RSA 是一种非对称加密算法，所谓非对称，即加密和解密所采用的密钥是不一样的。RSA 的基本思想是通过一定的规则生成一对密钥，分别是公钥和私钥，公钥是提供给客户端使用的，即任何人都可以得到，而私钥存放到服务端，任何人都不能通过正常渠道拿到。

通常情况下，非对称加密算法在客户端使用公钥加密，传到服务端后，服务端利用私钥进行解密。例如，上述代码提供了加解密方法，分别是 publicEncrypt 和 privateDecrypt 方法，但是这两个方法不能直接传公私钥字符串，而是通过 getPublicKey 和 getPrivateKey 方法返回 RSAPublicKey 和 RSAPrivateKey 对象后再传给加解密方法。

公钥和私钥的生成方式有很多种，如 OpenSSL 工具、第三方在线工具和编码实现等。由于非对称加密算法分别维护了公钥和私钥，其算法效率比对称加密算法低，但安全级别比对称加密算法高，读者在选用加密算法时应综合考虑，采取适合项目的加密算法。

(4) 编写信息摘要算法：

```
import java.security.MessageDigest;
public class MessageDigestUtils {
    public static String encrypt(String password,String algorithm){
        try {
            MessageDigest md = MessageDigest.getInstance(algorithm);
            byte[] b = md.digest(password.getBytes("UTF-8"));
            return ByteUtils.byte2HexString(b);
```

```
        }catch (Exception e){
            e.printStackTrace();
            return null;
        }
    }
}
```

JDK 自带信息摘要算法，但返回的是字节数组类型，在实际中需要将字节数组转化成十六进制字符串，因此上述代码对信息摘要算法做了简要的封装。通过调用 `MessageDigestUtils.encrypt` 方法即可返回加密后的字符串密文，其中第一个参数为明文，第二个参数为具体的信息摘要算法，可选值有 MD5、SHA1 和 SHA256 等。

信息摘要加密是一种不可逆算法，即只能加密，无法解密。在技术高度发达的今天，信息摘要算法虽然无法直接解密，但是可以通过碰撞算法曲线破解。我国著名数学家、密码学专家王小云女士早已通过碰撞算法破解了 MD5 和 SHA1 算法。因此，为了提高加密技术的安全性，我们一般使用"多重加密+salt"的方式加密，如 MD5(MD5(明文+salt))，读者可以将 salt 理解为密钥，只是无法通过 salt 解密。

6.1.4 消息队列的封装

消息队列一般用于异步处理、高并发的消息处理以及延时处理等情形，它在当前互联网环境下也被广泛应用，因此同样对它进行了封装，以便后续消息队列使用。

在本例中，使用 RabbitMQ 来演示消息队列。首先，在 Windows 系统下安装 RabbitMQ。由于 RabbitMQ 依赖 Erlang，应先安装 Erlang，下载地址为 http://www.rabbitmq.com/which-erlang.html，双击下载的文件即可完成安装。然后安装 RabbitMQ，下载地址为 http://www.rabbitmq.com/install-windows.html，双击下载的 exe 文件，按照操作步骤即可完成安装。

安装完成后，点击 Win+R 键，在打开的运行窗口中输入命令 `services.msc` 并按下 Enter 键，可以打开服务列表，如图 6-1 所示。

图 6-1 服务列表

可以看到，RabbitMQ 已启动。在默认情况下，RabbitMQ 安装后只开启 5672 端口，我们只能通过命令的方式查看和管理 RabbitMQ。为了方便，我们可以通过安装插件来开启 RabbitMQ 的 Web 管理功能。打开 cmd 命令控制台，进入 RabbitMQ 安装目录的 sbin 目录，输入 rabbitmq-plugins enable rabbitmq_management 即可，如图 6-2 所示。

```
C:\Program Files\RabbitMQ Server\rabbitmq_server-3.7.12\sbin>rabbitmq-plugins enable rabbitmq_management
Enabling plugins on node rabbit@LAPTOP-LUELIJI1:
rabbitmq_management
The following plugins have been configured:
  rabbitmq_management
  rabbitmq_management_agent
  rabbitmq_web_dispatch
Applying plugin configuration to rabbit@LAPTOP-LUELIJI1...
```

图 6-2 Web 管理功能安装命令

Web 管理界面的默认启动端口为 15672。在浏览器中输入 localhost:15672，默认的账号和密码都是 guest，填写后可以进入 Web 管理主界面，如图 6-3 所示。

图 6-3　RabbitMQ 的 Web 管理主界面

接下来，我们就封装消息队列。

(1) 添加 RabbitMQ 依赖：

```
<dependency>
    <groupId>org.springframework.cloud</groupId>
    <artifactId>spring-cloud-starter-bus-amqp</artifactId>
</dependency>
```

消息队列都是通过 Spring Cloud 组件 Spring Cloud Bus 集成的，通过添加依赖 `spring-cloud-starter-bus-amqp`，就可以很方便地使用 RabbitMQ。

(2) 创建 RabbitMQ 配置类 RabbitConfiguration，用于定义 RabbitMQ 基本属性：

```
import org.springframework.amqp.core.Queue;
import org.springframework.boot.SpringBootConfiguration;
import org.springframework.context.annotation.Bean;

@SpringBootConfiguration
public class RabbitConfiguration {

    @Bean
    public Queue queue(){
        return new Queue("someQueue");
    }
}
```

前面已经讲过，Spring Boot 可以利用 @SpringBootConfiguration 注解对应用程序进行配置。我们集成 RabbitMQ 依赖后，也需要对其进行基本配置。在上述代码中，我们定义了一个 Bean，该 Bean 的作用是自动创建消息队列名。如果不通过代码创建队列，那么每次都需要手动去 RabbitMQ 的 Web 管理界面添加队列，否则会报错，如图 6-4 所示。

```
org.springframework.amqp.rabbit.listener.BlockingQueueConsumer$DeclarationException:
    at org.springframework.amqp.rabbit.listener.BlockingQueueConsumer.attemptPassive
    at org.springframework.amqp.rabbit.listener.BlockingQueueConsumer.start(Blocking
    at org.springframework.amqp.rabbit.listener.SimpleMessageListenerContainer$Asyncl
    at java.lang.Thread.run(Thread.java:748) [na:1.8.0_201]
```

图 6-4　报错日志

但是每次都通过 Web 管理界面手动创建队列显然不可取，因此，我们可以在上述配置类中事先定义好队列。

(3) RabbitMQ 是异步请求，即客户端发送消息，RabbitMQ 服务端收到消息后会回发给客户端。发送消息的称为生产者，接收消息的称为消费者，因此还需要封装消息的发送和接收。

创建一个名为 MyBean 的类，用于发送和接收消息队列：

```java
@Component
public class MyBean {

    private final AmqpAdmin amqpAdmin;
    private final AmqpTemplate amqpTemplate;

    @Autowired
    public MyBean(AmqpAdmin amqpAdmin, AmqpTemplate amqpTemplate) {
        this.amqpAdmin = amqpAdmin;
        this.amqpTemplate = amqpTemplate;
    }

    @RabbitHandler
    @RabbitListener(queues = "someQueue")
    public void processMessage(String content) {
        //消息队列消费者
        System.out.println(content);
    }

    public void send(String content){
        //消息队列生产者
        amqpTemplate.convertAndSend("someQueue",content);
    }
}
```

其中，`send` 为消息生产者，负责发送队列名为 `someQueue` 的消息，`processMessage` 为消息消费者，在其方法上定义了 `@RabbitHandler` 和 `@RabbitListener` 注解，表示该方法为消息消费者，并且指定了消费哪种队列。

6.2 接口版本管理

一般在第一版产品发布并上线后，往往会不断地进行迭代和优化，我们无法保证在后续升级过程中不会对原有接口进行改动，而且有些改动可能会影响线上业务。因此，想要对接口进行改造却不能影响线上业务，就需要引入版本的概念。顾名思义，在请求接口时加上版本号，后端根据版本号执行不同版本时期的业务逻辑。那么，即便我们升级改造接口，也不会对原有的线上接口造成影响，从而保证系统正常运行。

版本定义的思路有很多，比如：

- 通过请求头带入版本号，如 `header("version","1.0")`；
- URL 地址后面带入版本号，如 `api?version=1.0`；
- RESTful 风格的版本号定义，如`/api/v1`。

本节将介绍第三种版本号的定义思路，最简单的方式就是直接在 `RequestMapping` 中写入固定的版本号，如：

```
@RequestMapping("/v1/index")
```

这种方式的坏处就是扩展性不好，而且一旦传入其他版本号，接口就会报 404 错误。比如，客户端接口地址的请求为`/v2/index`，而我们的项目只定义了 `v1`，则无法请求 `index` 接口。

我们希望的效果是，如果传入的版本号在项目中无法找到，则自动找最高版本的接口，怎么做呢？请参照以下代码实现。

(1) 定义注解类：

```
@Target(ElementType.TYPE)
@Retention(RetentionPolicy.RUNTIME)
@Mapping
@Documented
public @interface ApiVersion {
    int value();
}
```

在上面的代码中，首先定义了一个注解，用于指定控制器的版本号，比如 @ApiVersion(1)，则通过地址 v1/** 就可以访问该控制器定义的方法。

(2) 自定义 RequestMappingHandler：

```java
public class CustomRequestMappingHandlerMapping extends
    RequestMappingHandlerMapping {

    @Override
    protected RequestCondition<ApiVersionCondition> getCustomTypeCondition(Class<?>
        handlerType) {
        ApiVersion apiVersion = AnnotationUtils.findAnnotation(handlerType,
            ApiVersion.class);
        return createCondition(apiVersion);
    }

    @Override
    protected RequestCondition<ApiVersionCondition> getCustomMethodCondition(Method method) {
        ApiVersion apiVersion = AnnotationUtils.findAnnotation(method, ApiVersion.class);
        return createCondition(apiVersion);
    }

    private RequestCondition<ApiVersionCondition> createCondition(ApiVersion apiVersion) {
        return apiVersion == null ? null : new ApiVersionCondition(apiVersion.value());
    }
}
```

Spring MVC 通过 RequestMapping 来定义请求路径，因此如果我们要自动通过 v1 这样的地址来请求指定的控制器，就应该继承 RequestMappingHandlerMapping 类来重写其方法。

Spring MVC 在启动应用后会自动映射所有控制器类，并将标有 @RequestMapping 注解的方法加载到内存中。由于我们继承了 RequestMappingHandlerMapping 类，所以在映射时会执行重写的 getCustomTypeCondition 和 getCustomMethodCondition 方法，由方法体的内容可以知道，我们创建了自定义的 RequestCondition，并将版本信息传给 RequestCondition。

(3) CustomRequestMappingHandlerMapping 类只继承了 RequestMappingHandlerMapping 类，Spring Boot 并不知晓，因此还需要在配置类中定义它，以便使 Spring Boot 在启动时执行自定义的 RequestMappingHandlerMapping 类。

在 public 工程中创建 WebConfig 类，并继承 WebMvcConfigurationSupport 类，然后重写 requestMappingHandlerMapping 方法，如：

```
@Override
public RequestMappingHandlerMapping requestMappingHandlerMapping() {
    RequestMappingHandlerMapping handlerMapping = new CustomRequestMappingHandlerMapping();
    handlerMapping.setOrder(0);
    return handlerMapping;
}
```

在上述代码中,我们重写了 requestMappingHandlerMapping 方法并实例化了 RequestMapping-HandlerMapping 对象,返回的是前面自定义的 CustomRequestMappingHandlerMapping 类。

(4) 在控制器类中加入注解 @ApiVersion(1) 实现版本控制,其中数字 1 表示版本号 v1。在请求接口时,输入类似 /api/v1/index 的地址即可,代码如下:

```
@RequestMapping("{version}")
@RestController
@ApiVersion(1)
public class TestV1Controller{
    @GetMapping("index")
    public String index(){
        return "" ;
    }
}
```

说明:@RequestMapping 注解必须输入{version},否则版本不会生效。

6.3 输入参数的合法性校验

我们在定义接口时,需要对输入参数进行校验,防止非法参数的侵入。比如在实现登录接口时,手机号和密码不能为空,手机号必须是 11 位数字等。虽然客户端也会进行校验,但它只针对正常的用户请求,如果用户绕过客户端,直接请求接口,就可能会传入一些异常字符。因此,后端同时对输入参数进行合法性校验是必要的。

进行合法性校验最简单的方式是在每个接口内做 if-else 判断,但这种方式不够优雅。Spring 提供了校验类 Validator,我们可以对其做文章。

在公共的控制器类中添加以下方法即可:

```
protected void validate(BindingResult result){
    if(result.hasFieldErrors()){
```

```
        List<FieldError> errorList = result.getFieldErrors();
        errorList.stream().forEach(item -> Assert.isTrue(false,item.getDefaultMessage()));
    }
}
```

Validator 的校验结果会存放到 BindingResult 类中，因此上述方法传入了 BindingResult 类。在上面的代码中，程序通过 hasFieldErrors 判断是否存在校验不通过的情况，如果存在，则通过 getFieldErrors 方法取出所有错误信息并循环该错误列表，一旦发现错误，就用 Assert 断言方法抛出异常，6.4 节将介绍异常的处理，统一返回校验失败的提示信息。

我们使用断言的好处在于它抛出的是运行时异常，即我们不需要用显式在方法后面加 throws Exception，也能够保证扩展性较好，同时简化了代码量。

然后在控制器接口的参数中添加 @Valid 注解，后面紧跟 BindingResult 类，在方法体中调用 validate(result) 方法即可，如：

```
@GetMapping("index")
public String index(@Valid TestRequest request, BindingResult result){
    validate(result);
    return "Hello " + request.getName();
}
```

要实现接口校验，需要在定义了 @Valid 注解的类中，将每个属性加入校验规则注解，如：

```
@Data
public class TestRequest {
    @NotEmpty
    private String name;
}
```

下面列出常用注解，供读者参考。

- @NotNull：不能为空。
- @NotEmpty：不能为空或空字符串。
- @Max：最大值。
- @Min：最小值。
- @Pattern：正则匹配。
- @Length：最大长度和最小长度。

6.4 异常的统一处理

异常，在产品开发中是较为常见的，譬如程序运行或数据库连接等，这些过程中都可能会抛出异常，如果不进行任何处理，客户端就会接收到如图 6-5 所示的内容。

```
Whitelabel Error Page

This application has no explicit mapping for /error, so you are seeing this as a fallback.

Thu Oct 04 22:34:52 CST 2018
There was an unexpected error (type=Internal Server Error, status=500).
```

图 6-5　异常运行效果

可以看出，直接在界面上返回了 500，这不是我们期望的。正常情况下，即便出错，也应返回统一的 JSON 格式，如：

```
{
    "code" : 0,
    "message" : "不能为空",
    "data" : null
}
```

其实很简单，它利用了 Spring 的 AOP 特性，在公共控制器中添加以下方法即可：

```
@ExceptionHandler
public SingleResult doError(Exception exception) {
    if(StringUtils.isBlank(exception.getMessage())){
        return SingleResult.buildFailure();
    }
    return SingleResult.buildFailure(exception.getMessage());
}
```

在 doError 方法上加入 @ExceptionHandler 注解表示发生异常时，则执行该注解标注的方法，该方法接收 Exception 类。我们知道，Exception 类是所有异常类的父类，因此在发生异常时，Spring MVC 会找到标有 @ExceptionHandler 注解的方法，调用它并传入具体的异常对象。

我们要返回上述 JSON 格式，只需要返回 SingleResult 对象即可。注意，SingleResult 是自定义的数据结果类，它继承自 Result 类，表示返回单个数据对象；与之相对应的是 MultiResult 类，用于返回多个结果集，所有接口都应返回 Result。关于该类，读者可以参考本书配套源码，在 common 工程的 com.lynn.blog.common.result 包下。

6.5 更换 JSON 转换器

Spring MVC 默认采用 Jackson 框架作为数据输出的 JSON 格式的转换引擎，但目前市面上涌现出了很多 JSON 解析框架，如 FastJson、Gson 等，Jackson 作为老牌框架已经无法和这些框架媲美。

Spring 的强大之处也在于其扩展性，它提供了大量的接口，方便开发者可以更换其默认引擎，JSON 转换亦不例外。下面我们就来看看如何将 Jackson 更换为 FastJson。

(1) 添加 FastJson 依赖：

```xml
<dependency>
    <groupId>com.alibaba</groupId>
    <artifactId>fastjson</artifactId>
    <version>1.2.47</version>
</dependency>
```

FastJson 是阿里巴巴出品的用于生成和解析 JSON 数据的类库，其执行效率也是同类框架中出类拔萃的，因此本书采用 FastJson 作为 JSON 的解析引擎。

(2) 在 `WebConfig` 类中重写 `configureMessageConverters` 方法：

```java
@Override
public void configureMessageConverters(List<HttpMessageConverter<?>> converters) {
    super.configureMessageConverters(converters);
    FastJsonHttpMessageConverter fastConverter=new FastJsonHttpMessageConverter();
    FastJsonConfig fastJsonConfig=new FastJsonConfig();
    fastJsonConfig.setSerializerFeatures(
            SerializerFeature.PrettyFormat
    );
    List<MediaType> mediaTypeList = new ArrayList<>();
    mediaTypeList.add(MediaType.APPLICATION_JSON_UTF8);
    fastConverter.setSupportedMediaTypes(mediaTypeList);
    fastConverter.setFastJsonConfig(fastJsonConfig);
    converters.add(fastConverter);
}
```

当程序启动时，会执行 `configureMessageConverters` 方法，如果不重写该方法，那么该方法体是空的，我们查看源码即可得知。代码如下：

```
/**
 * Override this method to add custom {@link HttpMessageConverter}s to use
 * with the {@link RequestMappingHandlerAdapter} and the
```

```
 * {@link ExceptionHandlerExceptionResolver}. Adding converters to the
 * list turns off the default converters that would otherwise be registered
 * by default. Also see {@link #addDefaultHttpMessageConverters(List)} that
 * can be used to add default message converters.
 * @param converters a list to add message converters to;
 * initially an empty list.
 */
protected void configureMessageConverters(List<HttpMessageConverter<?>> converters) {
}
```

这时，Spring MVC 将 Jackson 作为其默认的 JSON 解析引擎，所以我们一旦重写 configureMessage-Converters 方法，它将覆盖 Jackson，把我们自定义的 JSON 解析器作为 JSON 解析引擎。

得益于 Spring 的扩展性设计，我们可以将 JSON 解析引擎替换为 FastJson，它提供了 AbstractHttpMessageConverter 抽象类和 GenericHttpMessageConverter 接口。通过实现它们的方法，就可以自定义 JSON 解析方式。

在上述代码中，FastJsonHttpMessageConverter 就是 FastJson 为了集成 Spring 而实现的一个转换器。因此，我们在重写 configureMessageConverters 方法时，首先要实例化 FastJsonHttpMessageConverter 对象，并进行 FastJsonConfig 基本配置。PrettyFormat 表示返回的结果是否是格式化的；而 MediaType 设置了编码为 UTF-8 的规则。最后，将 FastJsonHttpMessageConverter 对象添加到 conterters 列表中。

这样我们在请求接口返回数据时，Spring MVC 就会使用 FastJson 转换数据。

6.6 Redis 的封装

Redis 作为内存数据库，使用非常广泛，我们可以将一些数据缓存，提高应用的查询性能，如保存登录数据（验证码和 token[①]等）、实现分布式锁等。

本书实战项目也用到了 Redis，且 Spring Boot 操作 Redis 非常方便。SpringBoot 集成了 Redis 并实现了大量方法，有些方法可以共用，我们可以根据项目需求封装一套自己的 Redis 操作代码。

(1) 添加 Redis 的依赖：

```
<dependency>
    <groupId>org.springframework.boot</groupId>
```

---

① 在计算机身份认证中指临时令牌。

```xml
<artifactId>spring-boot-starter-data-redis</artifactId>
</dependency>
```

spring-boot-starter-data 包含了与数据相关的包,比如 jpa、mongodb 和 elasticsearch 等。因此,Redis 也放到了 spring-boot-starter-data 下。

(2) 创建 Redis 类,该类包含了 Redis 的常规操作,其代码如下:

```java
@Component
public class Redis {
    @Autowired
    private StringRedisTemplate template;
    public void set(String key, String value, long expire) {
        template.opsForValue().set(key, value, expire, TimeUnit.SECONDS);
    }
    public void set(String key, String value) {
        template.opsForValue().set(key, value);
    }

    public Object get(String key) {
        return template.opsForValue().get(key);
    }
    public void delete(String key) {
        template.delete(key);
    }
}
```

在上述代码中,我们先注入 StringRedisTemplate 类,该类是 Spring Boot 提供的 Redis 操作模板类,通过它的名称可以知道该类专门用于字符串的存取操作,它继承自 RedisTemplate 类。代码中只实现了 Redis 的基本操作,包括键值保存、读取和删除操作。set 方法重载了两个方法,可以接收数据保存的有效期,TimeUnit.SECONDS 指定了该有效期单位为秒。读者如果在项目开发过程中发现这些操作不能满足要求时,可以在这个类中添加方法满足需求。

6.7 小结

本章主要封装了博客网站的公共模块,即每个模块都可能用到的方法和类库,保证代码的复用性。读者也可以根据自己的理解和具体的项目要求去封装一些方法,提供给各个模块调用。

第二部分 实战篇

第 7 章

注册中心：Spring Cloud Netflix Eureka

第 7 章 注册中心：Spring Cloud Netflix Eureka

第二部分 实战篇

通过前面的学习，我们可以总结出来，注册中心是整套微服务架构的核心，即系统的心脏，它能够帮助我们管理所有的微服务，精确定位到具体的服务就是通过注册中心来实现的。构建注册中心的好处也是不言而喻的，通过注册中心，我们可以实现服务的负载均衡、配置的统一管理、服务间的通信等。

目前，我们可以采用多种技术实现注册中心，如 Eureka、ZooKeeper、Consul 等，本书采用 Spring Cloud 默认集成的 Eureka 框架来构建注册中心。

7.1 Eureka 简介

Eureka 是 Netflix 提供的一个服务发现框架，它作为组件被 Spring Cloud 集成到其子项目 spring-cloud-netflix 中，用来支持 Spring Cloud 实现服务发现功能。

Eureka 分为 Eureka 服务端和 Eureka 客户端。

❑ Eureka 服务端用于提供服务注册功能，当节点启动后，会在 Eureka 服务端进行注册。
❑ Eureka 客户端是一个 Java 客户端，只有被标识为 Eureka 客户端才能够在 Eureka 服务端注册。

本章我们将实现注册中心模块。

7.2 创建注册中心

创建注册中心的具体步骤如下。

(1) 在 blog 工程下创建一个子工程，命名为 register，并添加依赖：

```
<dependency>
    <groupId>org.springframework.cloud</groupId>
    <artifactId>spring-cloud-starter-netflix-eureka-server</artifactId>
</dependency>
<dependency>
```

```xml
    <artifactId>common</artifactId>
    <groupId>com.lynn.blog</groupId>
    <version>1.0-SNAPSHOT</version>
</dependency>
```

其中，spring-cloud-starter-netflix-eureka-server 为 Eureka 服务端依赖，而 common 为第 5 章介绍的公共模块，所有工程都应依赖此模块。在 common 工程中添加了以下依赖：

```xml
<dependency>
    <groupId>org.springframework.boot</groupId>
    <artifactId>spring-boot-starter-actuator</artifactId>
</dependency>
<dependency>
    <groupId>org.springframework.boot</groupId>
    <artifactId>spring-boot-starter-data-redis</artifactId>
</dependency>
<dependency>
    <groupId>org.springframework.cloud</groupId>
    <artifactId>spring-cloud-starter-bus-amqp</artifactId>
</dependency>
<dependency>
    <groupId>com.alibaba</groupId>
    <artifactId>fastjson</artifactId>
    <version>${fastjson.version}</version>
</dependency>
<dependency>
    <groupId>commons-codec</groupId>
    <artifactId>commons-codec</artifactId>
</dependency>
<dependency>
    <groupId>commons-io</groupId>
    <artifactId>commons-io</artifactId>
    <version>${commons.version}</version>
</dependency>
<dependency>
    <groupId>org.springframework.cloud</groupId>
    <artifactId>spring-cloud-starter-netflix-hystrix</artifactId>
</dependency>
<dependency>
    <groupId>org.springframework.cloud</groupId>
    <artifactId>spring-cloud-starter-netflix-eureka-client</artifactId>
</dependency>
<dependency>
    <groupId>org.springframework.cloud</groupId>
```

```xml
    <artifactId>spring-cloud-starter-config</artifactId>
</dependency>
<dependency>
    <groupId>org.springframework.cloud</groupId>
    <artifactId>spring-cloud-starter-openfeign</artifactId>
</dependency>
<dependency>
    <groupId>org.springframework.boot</groupId>
    <artifactId>spring-boot-starter-test</artifactId>
</dependency>
<dependency>
    <groupId>org.projectlombok</groupId>
    <artifactId>lombok</artifactId>
    <version>${lombok.version}</version>
</dependency>
<dependency>
    <groupId>org.springframework.cloud</groupId>
    <artifactId>spring-cloud-starter-zipkin</artifactId>
</dependency>
<dependency>
    <groupId>joda-time</groupId>
    <artifactId>joda-time</artifactId>
    <version>${joda.time.version}</version>
</dependency>
```

其中，spring-boot-starter-actuator 提供 Spring Cloud 的监控接口，spring-cloud-starter-netflix-hystrix 提供 Spring Cloud 的熔断机制，spring-cloud-starter-config 为微服务工程提供统一的配置管理，spring-cloud-starter-openfeign 提供服务间的 HTTP 通信机制，lombok 用于简化代码，spring-cloud-starter-zipkin 可以实现微服务的追踪功能。以上依赖，本章暂不做详细说明，在后面的章节中将一一为读者介绍。

(2) 创建工程启动类 RegisterApplication，其代码如下：

```
@EnableEurekaServer
@SpringCloudApplication
public class RegisterApplication {

    public static void main(String[] args) {
        SpringApplication.run(RegisterApplication.class,args);
    }
}
```

其中，@EnableEurekaServer 注解表示此应用为服务注册与发现中心。关于上述代码，笔者在第 3 章已做了详细介绍，本节不再赘述。

(3) 创建配置文件 application.yml，并编写基本配置：

```yaml
spring:
  application:
    name: register
server:
  port: 8101
eureka:
  server:
    enable-self-preservation: false
  client:
    register-with-eureka: true
    fetch-registry: false
    healthcheck:
      enabled: true
    service-url:
      defaultZone: http://localhost:8101/eureka/
```

在上述配置中，server.enable-self.preservation 用于设置是否开启自我保护机制，本示例先设置为 false，自我保护机制将在 7.6 节中详解；eureka.client.healthcheck.enabled 可以设置是否开启健康检查，关于注册中心的健康检查机制将在 7.7 节中详解。

这样一个注册中心就搭建完成了，运行 RegisterApplication，就会看到如图 7-1 所示的界面。

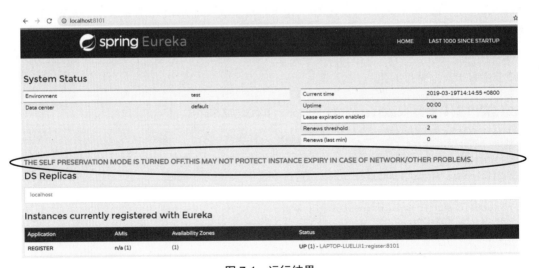

图 7-1　运行结果

该界面为注册中心管理控制台，我们可以发现界面上有一排红色的文本（图中圈出的部分），那是因为没有开启自我保护机制所出现的警告信息。

7.3 创建客户端工程以验证注册中心

我们已经成功创建了注册中心，下面我们继续创建一个客户端工程以验证注册中心的可用性。

(1) 创建一个名为 test 的子工程，并添加如下依赖：

```xml
<dependency>
    <groupId>org.springframework.boot</groupId>
    <artifactId>spring-boot-starter-web</artifactId>
</dependency>
<dependency>
    <artifactId>common</artifactId>
    <groupId>com.lynn.blog</groupId>
    <version>1.0-SNAPSHOT</version>
</dependency>
```

spring-boot-starter-web 集成了对 Spring MVC 的支持，微服务客户端必须添加此依赖，否则可能无法正常启动应用。

(2) 创建配置文件 application.yml：

```yml
spring:
  application:
    name: test
server:
  port: 9999
eureka:
  client:
    register-with-eureka: true
    fetch-registry: false
    service-url:
      defaultZone: http://localhost:8101/eureka/
```

该配置和 7.2 节中的配置一致，只有端口有区别，这里不再赘述。

(3) 创建启动类 TestApplication：

```java
@SpringCloudApplication
public class TestApplication {
```

```java
    public static void main(String[] args) {
        SpringApplication.run(TestApplication.class,args);
    }
}
```

@SpringCloudApplication 注解包含 @SpringBootApplication 和 @EnableDiscoveryClient，因此，只需要加上 @SpringCloudApplication 就可以将此工程注册到注册中心去。

我们分别启动 register 和 test，可以发现 test 也被注册进去了，如图 7-2 所示。

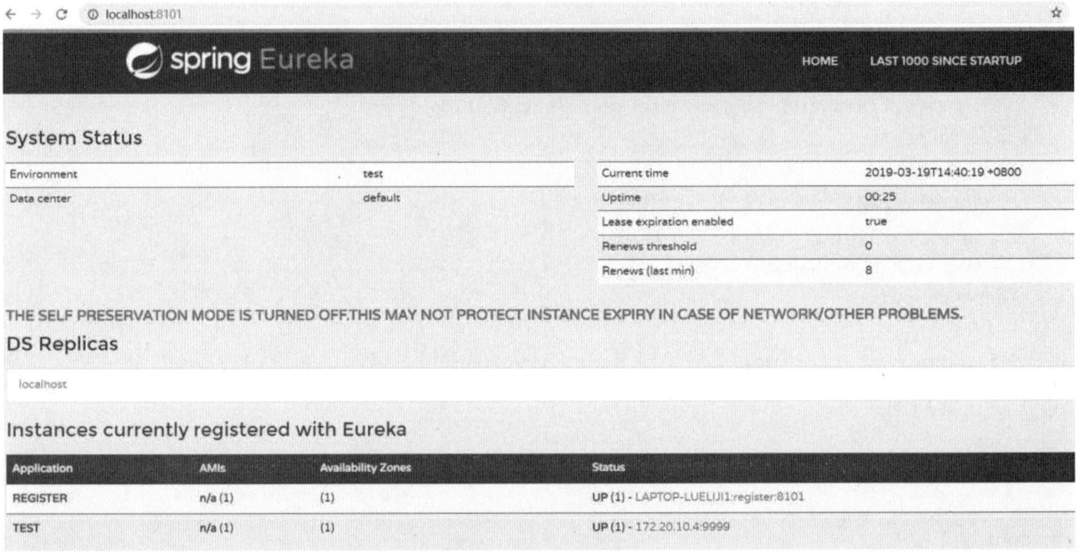

图 7-2　运行结果

7.4　实现注册中心的高可用

前面编写的注册中心是单节点的工程，它并不适合部署到生产环境。单节点的最大问题是一旦注册中心服务宕机，那么整个微服务应用都将不可用。本节我们将改造注册中心的代码，使其可以部署多个节点，从而保证注册中心的高可用。

(1) 在系统文件 hosts 中增加一行内容（Windows 系统路径为 C:\Windows\System32\drivers\etc\hosts，Mac 和 Linux 系统路径为 /etc/hosts）：

```
127.0.0.1 node1 node2
```

(2) 改造 register 工程，增加两个配置文件 application-node1.yml 和 application-node2.yml，目的是

启动不同的节点，这两个配置文件内容比较接近，本文只给出 application-node1.yml 的内容（application-node2.yml 同理）：

```yaml
server:
    #节点1的端口
    port: 8100
eureka:
    instance:
        #节点1的hostname，对应第一步中hosts的配置
        hostname: node1
    client:
        service-url:
            #默认注册到节点1
            defaultZone: http://node1:8100/eureka/
```

注意，application-node2.yml 需要把 hostname 设置为 node2，端口可以设置为 8101。读者应该注意到了，上述配置文件的 defaultZone 地址不再是 localhost，而是 hostname 名 node1，这是因为我们本地 hosts 文件已经将 node1 和 node2 映射成了 localhost。

(3) 修改 application.yml，内容如下：

```yaml
spring:
    application:
        name: register
    profiles:
        #当前启动的节点配置名
        active: node1
eureka:
    server:
        enable-self-preservation: false
    client:
        register-with-eureka: true
        fetch-registry: true
        healthcheck:
            enabled: true
```

这里我们将 eureka.client.fetch-registry 设置为 true，因为本节将启动多个注册中心，要实现高可用的注册中心，需要对每个注册中心同步其注册表信息。因此，上述 defaultZone 也只需要指定其中一个注册中心地址即可。如果要指定多个注册中心，以英文逗号隔开，后面跟其他注册中心地址。

(4) 将 test 工程的 application.yml 的 defaultZone 设置为 http://node1:8100/eureka/，将 fetchregistry 也设置为 true。

接下来，我们可以依次启动 register、test 工程进行验证。register 工程需要启动两个端口，分别是 node1 和 node2，每次启动需要将 application.yml 文件的 spring.profiles.active 分别修改为 node1 和 node2，分别访问 node1:8100 和 node2:8101，可以看到两个节点都将 test 注册上了，如图 7-3 和图 7-4 所示。

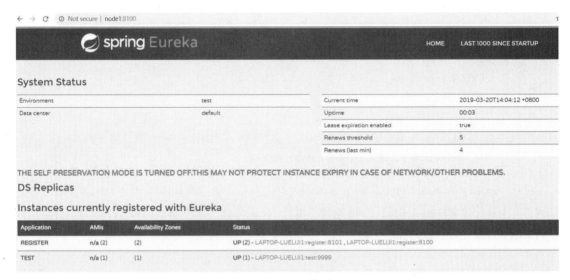

图 7-3　运行结果

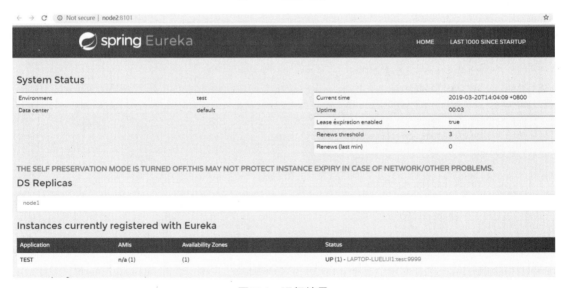

图 7-4　运行结果

在 IntelliJ IDEA 对同一个工程同时启动两次可能会出现如图 7-5 所示的提示对话框.

图 7-5　提示对话框

该提示很明显，告诉我们已经存在了 RegisterApplication 的启动进程，它是一个单例运行配置，再次启动时需要停止当前运行中的进程。其实，这是 IDEA 对进程名的一个限制，我们对同一个工程创建两个不同名字的运行配置即可。具体操作如下。

(1) 在工具栏中点击 Eidt Configurations 按钮，并进入运行配置界面，如图 7-6 所示。

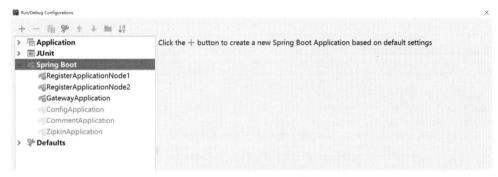

图 7-6　运行配置界面

(2) 点击左上角的 + 按钮，选择 Spring Boot，如图 7-7 所示。

图 7-7　选择 Spring Boot

然后设置运行配置，如图 7-8 所示。

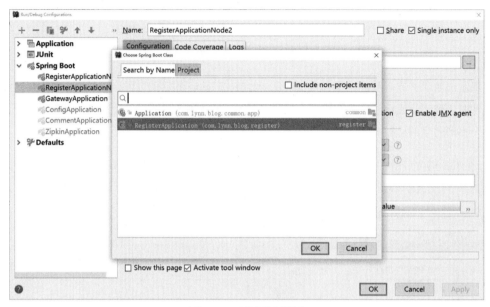

图 7-8　运行配置设置

设置 Name 为 RegisterApplicationNode2 并选择 Main class，指定为 RegisterApplication。将原来的 RegisterApplication 名字修改为 RegisterApplicationNode1，点击 OK 按钮即可。

这时我们就可以分别启动 RegisterApplicationNode1 和 RegisterApplicationNode2 了，前提是启动端口不能相同，否则启动会报错。启动成功后如图 7-9 所示。

图 7-9　启动成功效果图

7.5　添加用户认证

前面已经实现了注册中心，并且能够通过注册中心提供的管理控制台查询服务端和客户端的基本参数。如果按照前面的设置，将注册中心直接部署到生产环境是极不安全的，没有经过任何认证，我们就可以访问注册中心管理控制台。为了保证安全性，本节将介绍如何添加用户认证。

给注册中心添加用户认证非常简单，只需要简单的配置就可以完成。

在 register 工程中增加以下依赖：

```xml
<dependency>
    <groupId>org.springframework.boot</groupId>
    <artifactId>spring-boot-starter-security</artifactId>
</dependency>
```

Spring Boot 对其子项目的所有安全认证都需要依赖 spring-boot-starter-security，因此注册中心要添加用户认证也应依赖它。实际上添加了该依赖就已经开启了用户认证，启动 register 工程，浏览器访问 localhost:8101，可以看到如图 7-10 所示的界面。

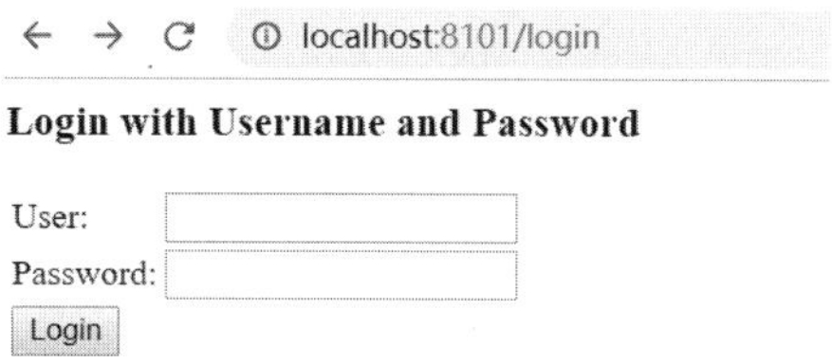

图 7-10　运行结果

访问后会自动跳转到登录界面，要求输入用户名和密码，spring-boot-starter-security 默认的用户名是 user，密码会在启动工程的控制台打印出来，如图 7-11 所示。

```
2019-06-05 10:08:51.834  INFO [register,,,] 15316 --- [           main] .s.s.UserDetailsServiceAutoConfiguration

Using generated security password: 8c9f33e7-f074-49ed-ae88-02bb9a3a021f

2019-06-05 10:08:52.663  INFO [register,,,] 15316 --- [           main] o.s.s.web.DefaultSecurityFilterChain
```

图 7-11　控制台日志信息

我们在登录界面依次输入用户名和密码就可以登录到注册中心管理主界面。每次启动工程密码都不一样，而且是随机生成的十六进制格式的字符串，不利于统一管理，因此我们需要自定义用户名和密码，方法很简单，只需要在配置文件里设置即可。

修改 register 的配置文件 application.yml，添加以下配置信息：

```yaml
spring:
  security:
    user:
      #设置用户认证用户名
      name: admin
      #设置用户认证密码
      password: admin123
```

其中，`spring.security.user` 配置要访问注册中心需要的用户名和密码。

接下来，启动 register 并访问 localhost:8101，输入自己设置的用户名和密码就可以登录到注册中心管理主界面。

注册中心已经添加了用户认证，客户端也需要设置用户名密码以便成功注册进去，修改 test 的配置文件，将 defaultZone 改为 `http://admin:admin123@localhost:8101/eureka/`。其中，在 @ 符号前设置用户名和密码（中间用冒号隔开），在其后设置注册中心默认地址。

启动 register，我们发现如图 7-12 所示的错误。

```
com.netflix.discovery.shared.transport.TransportException: Cannot execute request on any known server
    at com.netflix.discovery.shared.transport.decorator.RetryableEurekaHttpClient.execute(RetryableEurekaHttpClient.java:112) ~[eureka-client-1.9.8.jar:1.9.8]
    at com.netflix.discovery.shared.transport.decorator.EurekaHttpClientDecorator.register(EurekaHttpClientDecorator.java:56) ~[eureka-client-1.9.8.jar:1.9.8]
    at com.netflix.discovery.shared.transport.decorator.EurekaHttpClientDecorator$1.execute(EurekaHttpClientDecorator.java:59) ~[eureka-client-1.9.8.jar:1.9.8]
    at com.netflix.discovery.shared.transport.decorator.SessionedEurekaHttpClient.execute(SessionedEurekaHttpClient.java:77) ~[eureka-client-1.9.8.jar:1.9.8]
    at com.netflix.discovery.shared.transport.decorator.EurekaHttpClientDecorator.register(EurekaHttpClientDecorator.java:56) ~[eureka-client-1.9.8.jar:1.9.8]
    at com.netflix.discovery.DiscoveryClient.register(DiscoveryClient.java:829) ~[eureka-client-1.9.8.jar:1.9.8]
    at com.netflix.discovery.InstanceInfoReplicator.run(InstanceInfoReplicator.java:121) [eureka-client-1.9.8.jar:1.9.8]
    at com.netflix.discovery.InstanceInfoReplicator$1.run(InstanceInfoReplicator.java:101) [eureka-client-1.9.8.jar:1.9.8]
    at java.util.concurrent.Executors$RunnableAdapter.call(Executors.java:511) [na:1.8.0_201]
    at java.util.concurrent.FutureTask.run(FutureTask.java:266) [na:1.8.0_201]
    at java.util.concurrent.ScheduledThreadPoolExecutor$ScheduledFutureTask.access$201(ScheduledThreadPoolExecutor.java:180) [na:1.8.0_201]
    at java.util.concurrent.ScheduledThreadPoolExecutor$ScheduledFutureTask.run(ScheduledThreadPoolExecutor.java:293) [na:1.8.0_201]
    at java.util.concurrent.ThreadPoolExecutor.runWorker(ThreadPoolExecutor.java:1149) [na:1.8.0_201]
    at java.util.concurrent.ThreadPoolExecutor$Worker.run(ThreadPoolExecutor.java:624) [na:1.8.0_201]
    at java.lang.Thread.run(Thread.java:748) [na:1.8.0_201]
```

图 7-12　控制台错误日志

大致原因是，在 Spring Cloud 2.0 以后，Spring Security 默认启用了 CSRF 检验，必须在 Eureka 服务端即 register 工程中禁用 CSRF 检验。具体操作如下。

(1) 新建一个 Security 配置类，覆盖其默认的 configure 即可，具体源码如下：

```
@SpringBootConfiguration
@EnableWebSecurity
public class WebSecurityConfig extends WebSecurityConfigurerAdapter {

    @Override
    protected void configure(HttpSecurity http) throws Exception {
        http.csrf().disable();
        super.configure(http);
    }
}
```

在上述代码中，`WebSecurityConfig` 类继承自 `WebSecurityConfigurerAdapter` 类，并重写 `configure` 方法，通过 `http` 对象禁用了 CSRF。需要注意的是，`WebSecurityConfig` 类也是一个配置类，所以需要加入 `@SpringBootConfiguration` 注解，并加入 `@EnableWebSecurity` 以开启安全验证。

(2) 访问 localhost:8101，我们将看到 test 已被注册进去，如图 7-2 所示。

如果不加用户名和密码，启动将报错，如此一来就保证了注册中心的安全性，读者可以尝试。

7.6　开启自我保护模式

Eureka 服务端启动后，会自动开启心跳机制，客户端默认每 30 秒发送一次心跳给服务端，如果服务端在 60 秒内没有收到心跳，则会清除掉当前节点。

Eureka 服务端在运行期间会统计心跳发送成功比例，若比例低于 85%，Eureka 服务端会将这些实例保护起来，这些实例不会过期，即不会被 Eureka 服务端剔除。这样做旨在提升系统的健壮性，如果直接将没有收到心跳的客户端剔除，也会将可用的客户端剔除。因此，Eureka 服务端宁可将可能已经宕机的客户端保留，也不愿剔除可用的客户端。

Eureka 服务端默认已经开启了自我保护机制，如果不想开启自我保护机制，只需要在 register 中加入以下配置即可：

```yaml
eureka:
  server:
    #关闭自动保护机制
    enable-self-preservation: false
```

如果没有开启自我保护机制，则会出现如图 7-13 所示的警告。

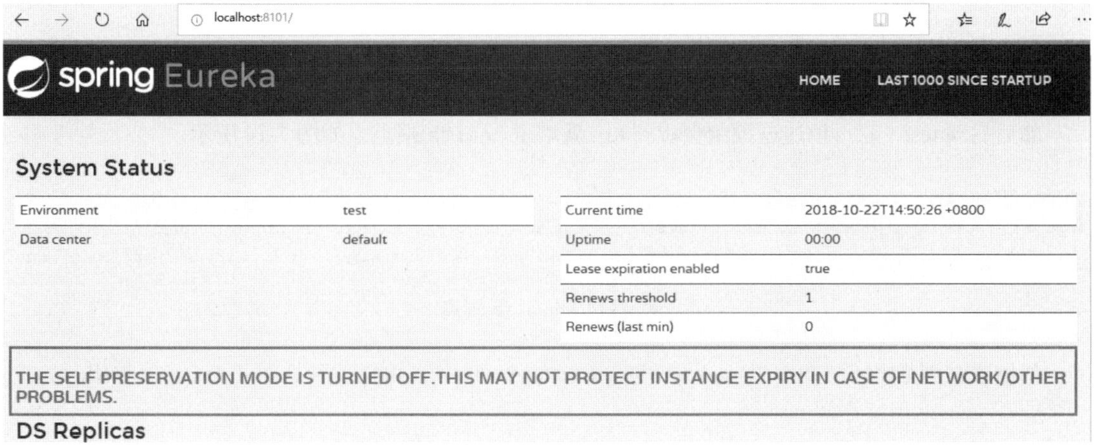

图 7-13　运行结果

前面已经提过，心跳发送和节点清理有一个默认时间，我们也可以通过配置属性来改变其默认值，在 Eureka 服务端可以设置其清理节点的间隔时间，以毫秒为单位，默认为 60000 毫秒如：

```
eureka.server.eviction-interval-timer-in-ms=60000
```

而在 Eureka 客户端可以设置其向服务端发送心跳的间隔时间，以秒为单位，默认为 30 秒，如：

```
eureka.instance.lease-renewal-interval-in-seconds=30
```

7.7 注册中心的健康检查

有时我们需要了解微服务的健康状况，如数据库是否连接正常，Redis 是否连接正常等。那么，就需要加入健康检查机制。

集成健康检查非常简单，首先在 common 工程中加入依赖[①]：

```xml
<dependency>
    <groupId>org.springframework.boot</groupId>
    <artifactId>spring-boot-starter-actuator</artifactId>
</dependency>
```

并新增如下配置：

```yaml
eureka:
    client:
        healthcheck:
            #开启健康检查
            enabled: true
```

然后启动 test，就可以通过控制台看到 test 新增了 health 端点，如图 7-14 所示。

```
Mapped "{[/actuator/health],methods=[GET],produces=[application/vnd.spring-boot.actuator.v2+json || application/json]}
Mapped "{[/actuator/info],methods=[GET],produces=[application/vnd.spring-boot.actuator.v2+json || application/json]}"
Mapped "{[/actuator],methods=[GET],produces=[application/vnd.spring-boot.actuator.v2+json || application/json]}" onto
```

图 7-14　health 端点

如果通过浏览器访问 http://localhost:9999/actuator/health，还可以看到返回了 JSON 字符串：

[①] 关于该依赖的作用，在 7.2 节已经说明，此处不再赘述。

```
{
    "status": "UP"
}
```

其中，UP 代表当前客户端可用。status 还有其他取值，如 DOWN、OUT_OF_SERVICE、UNKNOWN 等，只有 status 为 UP 的服务才能被正常请求。

7.8 多网卡环境下的 IP 选择问题

我们在开发的时候可能会遇到这种情况，在我们的主机上会有多个网卡同时在使用，比如同时存在以太网、无线局域网甚至安装了虚拟机的主机还会有虚拟机网卡等，如图 7-15 所示。

```
C:\WINDOWS\system32\cmd.exe

   连接特定的 DNS 后缀 . . . . . . . :
   本地链接 IPv6 地址. . . . . . . . : fe80::b03b:1ceb:808a:2ff7%27
   IPv4 地址 . . . . . . . . . . . . : 10.205.29.42
   子网掩码  . . . . . . . . . . . . : 255.255.255.128
   默认网关. . . . . . . . . . . . . : 10.205.29.126

以太网适配器 以太网 4:

   媒体状态  . . . . . . . . . . . . : 媒体已断开连接
   连接特定的 DNS 后缀 . . . . . . . : petrochina.com.cn

无线局域网适配器 本地连接* 4:

   媒体状态  . . . . . . . . . . . . : 媒体已断开连接
   连接特定的 DNS 后缀 . . . . . . . :

无线局域网适配器 本地连接* 5:

   媒体状态  . . . . . . . . . . . . : 媒体已断开连接
   连接特定的 DNS 后缀 . . . . . . . :

无线局域网适配器 WLAN 2:

   连接特定的 DNS 后缀 . . . . . . . :
   本地链接 IPv6 地址. . . . . . . . : fe80::28fc:e348:58a9:bf82%19
   IPv4 地址 . . . . . . . . . . . . : 172.20.10.4
   子网掩码  . . . . . . . . . . . . : 255.255.255.240
   默认网关. . . . . . . . . . . . . : 172.20.10.1
```

图 7-15　本机 IP 查看

可以看到上图有两个 IP 地址，分别是 10.205.29.42 和 172.20.10.4。Eureka 服务端启动后所使用的网卡可能并不是我们预想的，有些网卡可能也不能被其他机器访问，这时客户端无法注册到注册中心。

如果不指定 IP 的话，启动 register，可以看到左下角显示的地址是 hostname[①]，如图 7-16 所示。

---

① hostname 即计算机的主机名。

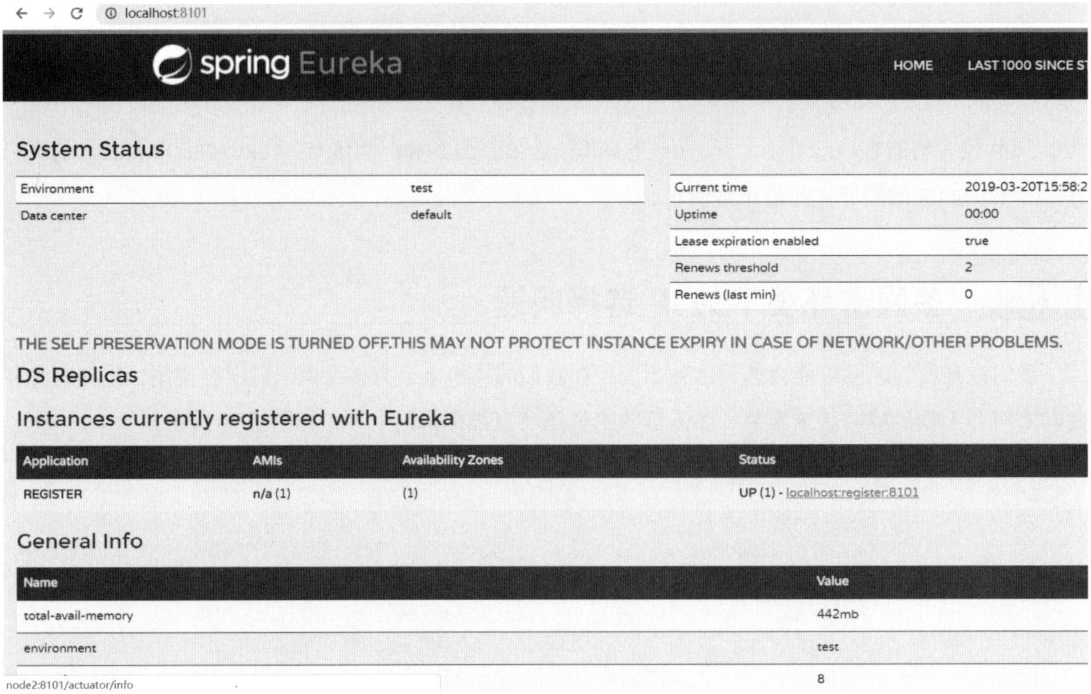

图 7-16　运行结果

我们想要将该地址变成 IP 地址或者以 IP 地址形式注册，只要增加配置 `eureka.instance.prefer-ip-address` 并设置为 `true` 即可，如果设置为 `false`，则以 hostname 进行注册。这时访问注册中心看到的就是 IP 地址形式，但是前面提到计算机存在两个 IP 地址，而实际注册的 IP 地址可能不是我们想注册的，怎么指定以哪个 IP 地址来注册呢？

Eureka 给我们提供了一种机制，可以指定网卡的 IP，只需要修改一下配置即可：

```
spring:
    cloud:
        inetutils:
            preferred-networks: 10.205.29.42
```

在每个服务的配置文件中都增加 `spring.cloud.inetutils.preferred-networks` 配置，表示使用当前指定的 IP 地址所在网卡。

重启 register，可以发现 IP 已经变成以太网的 IP，并且鼠标停留也能看到 URL 地址变成了你所指定的 IP 地址。

多网卡配置适用于服务器或者个人计算机存在多个网卡和 IP 的情况。为了便于注册中心和服务之间能够正常通信，在大多数情况下，如果只有一个网卡和 IP，可以不进行手动设置，Eureka 服务端会自动检索网卡信息。

7.9 小结

本章介绍了 Spring Cloud 的核心架构：服务的注册与发现。每个服务都应注册到注册中心，服务间的通信和配置的拉取都是通过注册中心进行的。通过注册中心的分布式管理，我们可以很容易搭建出一套高可用的微服务架构。

第二部分

实 战 篇

第 8 章

配置中心：Spring Cloud Config

第 8 章 配置中心：Spring Cloud Config

第二部分 实战篇

我们知道，一个微服务系统可能由成千上万的服务组成，每个服务都会有自己的配置，不同服务之间的有些配置是相同的，比如数据库。如果对于每个服务，我们都复制相同的配置，一旦该配置发生了变化，那么每个服务都需要修改，代价可想而知。

Spring Cloud 已经考虑到了这一点，它为我们提供了一整套解决方案，那就是强大的 Spring Cloud Config。

8.1 Spring Cloud Config 简介

Spring Cloud Config 是一个高可用的分布式配置中心，它支持将配置存放到内存（本地），也支持将其放到 SVN、Git 等版本管理工具进行统一管理。对于 Spring Cloud Config，其官方网站是这样介绍的：

Centralized external configuration management backed by a git repository. The configuration resources map directly to Spring Environment but could be used by non-Spring applications if desired.

大致含义是：通过 Git 仓库以支持集中式外部配置管理器，配置资源直接映射到 Spring 环境，但如果有必要，可以由非 Spring 应用程序使用。

那么，本章将引入 Spring Cloud Config 组件，带领读者领略它的风采！[①]

8.2 创建配置中心

创建配置中心一般分为以下几个步骤。

(1) 创建 Git 仓库。为了方便测试，笔者已事先创建好 Git 仓库，地址为 https://github.com/lynnlovemin/SpringCloudActivity.git。

---

① 本书所有配置均已上传到 GitHub 中。

(2) 创建配置中心服务端。

在原有工程中创建一个 moudle，命名为 config，在 pom.xml 加入配置中心的依赖：

```xml
<dependency>
    <groupId>org.springframework.cloud</groupId>
    <artifactId>spring-cloud-config-server</artifactId>
</dependency>
<dependency>
    <artifactId>common</artifactId>
    <groupId>com.lynn.blog</groupId>
    <version>1.0-SNAPSHOT</version>
</dependency>
```

在上述依赖中，我们加入了 spring-cloud-config-server 依赖，该依赖为配置中心的服务端依赖，有了它我们就可以将当前工程作为配置中心的服务端工程。

(3) 创建启动类 ConfigApplication：

```java
@EnableConfigServer
public class ConfigApplication extends Application{

    public static void main(String[] args) {
        Application.startup(ConfigApplication.class,args);
    }
}
```

可以看到，我们添加了 @EnableConfigServer 注解，用来启用配置中心服务端。启动类 ConfigApplication 继承了 Application 类。

其实，Application 类是一个公共的启动父类，所有工程的启动入口都继承了该类并提供了一个静态方法以调用 SpringApplication。我们提供这样一个类主要是因为每个 SpringCloud 子工程的启动类都需要加入了 @SpringCloudApplication 注解，于是每个子工程的启动类只要继承了 Application 类，就无须再添加 @SpringCloudApplication 注解，Application 类的代码如下：

```java
@SpringCloudApplication
@ComponentScan(basePackages = "com.lynn.blog")
public abstract class Application {
    public static void startup(Class<?> cls,String[] args){
        SpringApplication.run(cls,args);
    }
}
```

我们将 Application 设置为抽象类，因为它无须实例化并且提供了静态方法 startup，该方法调用了 SpringApplication.run 方法，因此在 ConfigApplication 中直接调用 startup 方法就可以启动该应用。

读者应该也会注意到，Application 类除了添加了 @SpringCloudApplication 注解外，还添加了 @ComponentScan 注解，该注解可以在应用启动后，指定扫描的根包名。由于每个工程的根包名都不一样，比如 register 工程为 com.lynn.blog.register，config 工程为 com.lynn.blog.config，而 Application 类是放到 common 工程中的，其根包名为 com.lynn.blog.common，所以如果不指定扫描的包名，Spring 容器会默认扫描 com.lynn.blog.common 包，导致每个子工程的服务和控制器都无法被扫描到，从而无法注入。虽然根包名都不一样，但是它们都处于 com.lynn.blog 包下，因此我们可以指定根包名为 com.lynn.blog，这样 Spring 就可以扫描到整个项目。

(4) 创建 application.yml 并增加如下内容：

```yaml
server:
    port: 8102
spring:
    application:
        name: config
    cloud:
        client:
            ip-address: 127.0.0.1
        config:
            server:
                git:
                    uri: https://github.com/lynnlovemin/SpringCloudActivity.git
                    #配置存放到这个目录下
                    searchPaths: config
                    username: ******
                    password: ******
                    #使用master分支的配置
                    label: master
eureka:
    instance:
        prefer-ip-address: true
    client:
        register-with-eureka: true
        fetch-registry: true
        service-url:
            defaultZone: http://admin:admin123@localhost:8101/eureka/
```

Spring Cloud Config 默认的配置仓库为 Git，因此无须在配置中告诉 Spring Cloud Config，直接设置 Git 仓库的地址、用户名和密码即可。

在上述配置中，`spring.config.server.git.uri` 为 Git 仓库所在的 HTTP 地址，`searchPaths` 为该仓库的根目录，`username` 为 Git 仓库用户名，`password` 为 Git 仓库密码，`spring.config.label` 为分支名，本示例设置为 `master`（主干）分支。图 8-1 展示了 Git 仓库的截图。

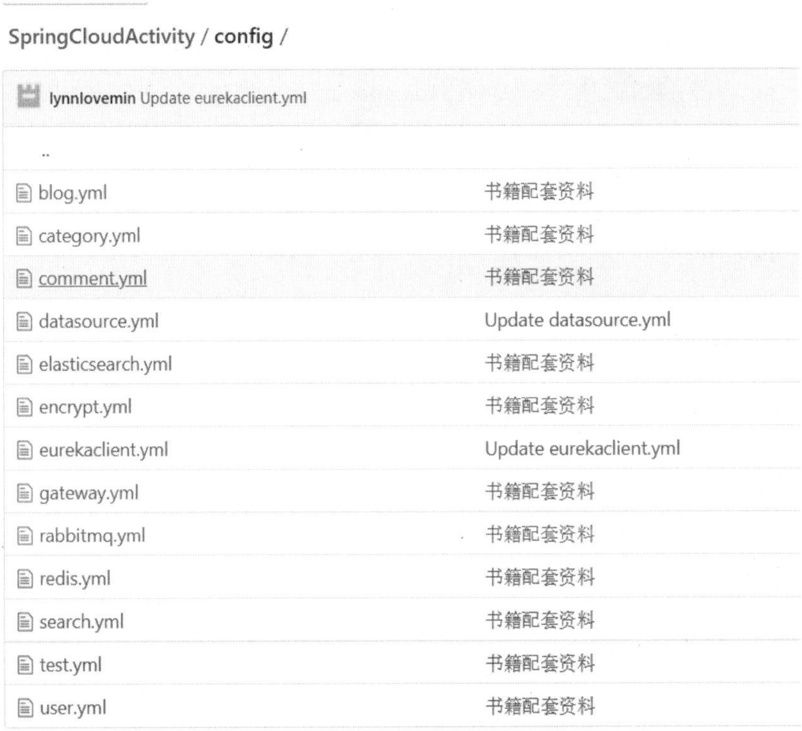

图 8-1　配置中心的 Git 仓库

可以看到，具体的配置文件其实是放到仓库的 config 目录下的，因此上述配置的 `searchPaths` 需要指定为 config。

现在分别启动 register 和 config，并访问 localhost:8101，就可以看到如图 8-2 所示的界面。

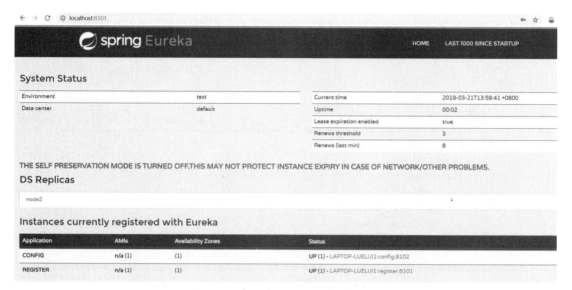

图 8-2 运行结果

至此,配置中心服务端搭建完成。

接下来,我们改造 test 工程。将工程的配置放到 Git 仓库中并验证程序是否能够通过配置中心将配置拉取下来。

(1)在我们的 Git 仓库下创建一个文件,命名为 test.yml,将本地配置文件内容复制到 test.yml 中并删除 test 工程的 application.yml,如图 8-3 所示。

图 8-3 配置文件内容

(2) 在 resources 下创建 bootstrap.yml 文件,内容如下(注意,这里必须命名为 bootstrap.yml,而不是 application.yml):

```yaml
spring:
  cloud:
    config:
      #要拉取的配置文件名,多个配置文件以逗号隔开
      name: test
      label: master
      discovery:
        enabled: true
        #配置中心 spring.application.name 指定的名字
        serviceId: config
eureka:
  client:
    service-url:
      defaultZone: http://admin:admin123@localhost:8101/eureka/
```

其中,sping.cloud.config.name 表示要拉取的配置文件名。前面我们已经创建了 test.yml,因此这里指定了文件名为 test,我们也可以指定多个配置文件,中间以逗号隔开。由于不同的工程可能有相同的配置信息,所以可以考虑增加一个数据库的配置文件,在有数据库连接需求的工程上增加该配置文件。这样的话,如果数据库信息发生改变,只需要改变数据库的配置文件即可,大大提升了应用的可扩展性。

Spring.cloud.config.label 指定了要拉取的分支,本示例指定为主干分支,discovery.enabled 指定是否拉取配置,serviceId 指定了配置中心的名字,该名字为 config 工程 spring.application.name 指定的名字。

配置中心同样支持多环境配置,增加 test-dev.yml 配置文件,在 bootstrap.yml 中添加代码 spring.cloud.config.profile=dev[①]就会拉取 test-dev.yml 的信息。

(3) 启动 test,可以看到控制台打印出了启动端口 9999:

```
Tomcat initialized with port(s): 9999(http)
```

这时如果将 test.yml 文件中的端口号改为 9998,重启 test 后可以看到其启动端口已设置为 9998,那么说明 test 已成功从 Git 仓库拉取了对应的配置。

[①] spring.cloud.config.profile 和 spring.profiles.active 的区别在于前者指定的是 Git 仓库配置的环境,后者指定的是工程配置的环境。

8.3 对配置内容进行加密

Spring Cloud Config 在 Git 仓库下默认是以明文存在的。在某些场景下，我们需要对一些敏感数据（如数据库账号、密码等）进行加密存储。

Spring Cloud Config 支持对配置内容进行加密存储，下面我们就来看一下如何使用加密功能。

8.3.1 安装 JCE

由于 Config Server 依赖 Java Cryptography Extension（简称 JCE），所以在使用加密功能前我们应先安装 JCE。JCE 的安装非常简单，只需要下载 JCE 包（详见 http://www.oracle.com/technetwork/java/javase/downloads/jce8-download-2133166.html），如图 8-4 所示。

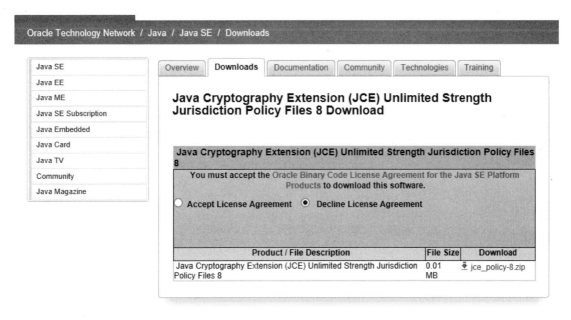

图 8-4　JCE 下载界面

然后解压并替换 JDK 安装目录下 jre/lib/security 的两个 jar 包，如图 8-5 所示。

图 8-5　JDK 安装目录

如果没有 security 目录，则手动创建该目录。

最后需要重启 IDEA，否则可能会报错：

```
{
    "description": "No key was installed for encryption service",
    "status": "NO_KEY"
}
```

至此，JCE 就安装完成了。Config Server 同时支持对称加密和非对称加密，第 4 章已经介绍过两者的区别。

8.3.2　对称加密

Config Server 默认的加密算法为对称加密算法。首先，在 config 工程下新增 bootstrap.yml，并设置对称加密的密钥：

```
encrypt:
    key: springcloud
```

启动 config，Config Server 会开启 encrypt 和 decrypt 两个端点，通过 postman[①] 可以测试其加密和解密效果，如图 8-6 和图 8-7 所示。

---

① postman 是一款强大的 HTTP 调试工具，读者可以在其官网：https://www.getpostman.com/ 上下载。

8.3 对配置内容进行加密

图 8-6　运行结果

图 8-7　运行结果

> 注意：☐ 加密密钥必须在 bootstrap.yml 下设置，在 application.yml 下设置无效。
> ☐ encrypt 和 decrypt 端点均为 POST 请求，Body 需点击 raw 选项。

8.3.3 对配置内容加密

我们可以使用 {cipher} 标识对配置内容进行加密，修改 Git 仓库的 test.yml 文件，增加内容如下：

```
data:
  message: '{cipher} b47b603d1c5551773a2385c6dafebc0bf1b5a9800d08171c47c0eb226dd9f7ed'
```

其中，b47b603d1c5551773a2385c6dafebc0bf1b5a9800d08171c47c0eb226dd9f7ed 为前面通过 postman 加密后的字符串。

重启 config 工程，在浏览器中访问 localhost:8102/test-default.yml，可以看到如图 8-8 所示的内容。

图 8-8 运行结果

通过图 8-8 可以看到，Config Server 已经将我们加密的内容解密为明文了。

> 注意：☐ 要加密的内容必须添加 {cipher} 标识，否则 Config Server 会认为该内容为明文，不进行处理。
> ☐ {cipher} 的必须加上单引号，否则配置文件拉取会出错。
> ☐ 内容不能包含空格，否则无法正确解密。

8.3.4 非对称加密

Config Server 同样支持非对称加密。与对称加密方法不同，非对称加密的思想是生成两个 key：公钥和私钥。公钥用于加密，私钥用于解密。因此，非对称加密安全性更高，同时效率也相对较差。

(1) 进入 Java 安装目录通过 keytool 生成 keystore：

```
keytool -genkeypair -alias serverkey -keyalg RSA -keystore  D:/server.jks
```

根据提示输入相应内容，如图 8-9 所示。其中，-keystore 后面紧跟密钥文件的路径。如果生成失败，请尝试用管理员权限启动 cmd 命令行。

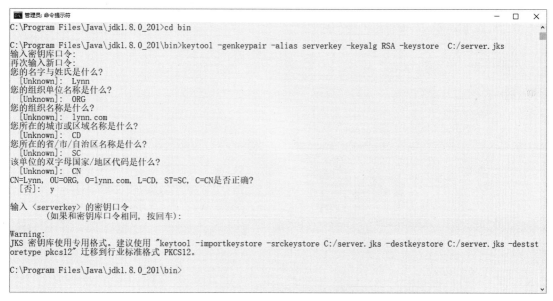

图 8-9　keystore 生成示例图

(2) 将 server.jks 复制到 config 工程的 resources 目录下，如图 8-10 所示。

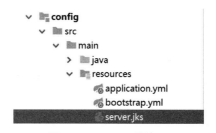

图 8-10　config 结构图

(3) 修改 bootstrap.yml，增加以下内容：

```
encrypt:
    keyStore:
        location: classpath:server.jks
```

```
password: 111111
alias: serverkey
secret: 111111
```

其中，`password` 为上面设置的密钥库口令，而 `secret` 为上面设置的密钥口令，读者一定要区分密钥库口令和密钥口令，两个口令可以相同也可以不同；`location` 为密钥文件路径，由于 Maven 编译后，会将 resources 的所有文件复制到 classes 目录下，因此这里指定 classpath 即可；`alias` 为上面命令中 -alias 后面设置的字符串。

(4) 修改 pom.xml 文件：

```xml
<build>
    <resources>
        <resource>
            <directory>src/main/resources</directory>
            <filtering>true</filtering>
            <excludes>
                <!-- 编译时排除 jks 文件，即原样复制 jks 文件到 classes 下，不做任何处理 -->
                <!-- 如果不加这段代码，则编译时可能会破坏 jks 文件，从而导致加解密失败 -->
                <exclude>**/*.jks</exclude>
            </excludes>
        </resource>
        <resource>
            <directory>src/main/resources</directory>
            <filtering>false</filtering>
            <includes>
                <include>**/*.jks</include>
            </includes>
        </resource>
    </resources>
</build>
```

由于第一个配置中设置了`<filtering>`为 true，Maven 在编译时不会原样复制，而会做一定的处理再复制到 classes 下，所以为了保证密钥文件不被破坏，需要利用 `<exclude>` 排除.jks 结尾的文件。设置 `filtering` 为 true 时，Maven 会替换 placeholder 占位符，再复制，在第一个配置中排除了.jks 文件，Maven 不会复制.jks 文件，因此还需要将 `filtering` 设置为 `false`，并通过 `<include>` 将.jks 文件包含进去，保证 Maven 会将.jks 文件原样复制。

(5) 启动 config 工程，分别访问地址 localhost:8102/encrypt 和 localhost:8102/decrypt，能够得到加密和解密后的结果，如图 8-11 和图 8-12 所示。

图 8-11 配置中心加密示例

图 8-12 配置中心解密示例

如果报以下错误,请读者用 `mvn clean package` 命令重新编译打包工程:

```
{
    "timestamp": "2019-03-21T06:55:34.736+0000",
    "status": 500,
    "error": "Internal Server Error",
    "message": "Cannot load keys from store: class path resource [server.jks]",
    "path": "/encrypt"
}
```

8.4 配置自动刷新

有些时候，我们可能会通过修改一些配置来达到我们的期望，如数据库地址发生变化时需要修改配置。如果不进行任何处理，那么每次修改配置都需要重启服务，而一个大型系统可能有成千上万个服务，每个服务都需要重启的话，代价无疑是很巨大的。

Spring Cloud Config 为我们提供了配置的刷新机制，不用重启服务就可以在线修改配置文件。

8.4.1 使用 refresh 端点刷新配置

我们首先研究手动刷新配置，其方法非常简单。

(1) 添加 Actuator 依赖（Actuator 自带 refresh 端点）：

```xml
<dependency>
    <groupId>org.springframework.boot</groupId>
    <artifactId>spring-boot-starter-actuator</artifactId>
</dependency>
```

该依赖已在 common 工程中添加，这里单独说明是为了告诉读者 refresh 端点依赖哪个包。

(2) 在 test 工程下创建一个控制器，便于我们测试：

```java
@RestController
@RefreshScope
public class TestController {

    @Value("${data.message}")
    private String port;

    @RequestMapping("test")
    public String test(){
        return port;
    }
}
```

可以发现，在 TestController 中新加入了 @RefreshScope 注解，作用是告诉 refresh 端点刷新该类所引用的配置。

(3) 在 Git 仓库的 test.yml 中开启 refresh 端点，并将 data.message 的值修改为 test1：

```yaml
management:
    endpoints:
```

```
      web:
        exposure:
          include: refresh,health,info
```

在 Spring Boot 2.0 以后，Actuator 默认只启动 `health` 和 `info` 两个端点，无法自动开启 `refresh` 端点，需要额外增加配置。

(4) 测试。

① 分别启动 register、config 和 test 三个工程。
② 访问 localhost:9999/test，返回数据 test1。
③ 修改 test.yml，将 `data.message` 的值改为 `test2`，并重新执行步骤②，发现返回数据并未发生改变。
④ 用 postman 请求 `refresh` 端点，如图 8-13 所示。

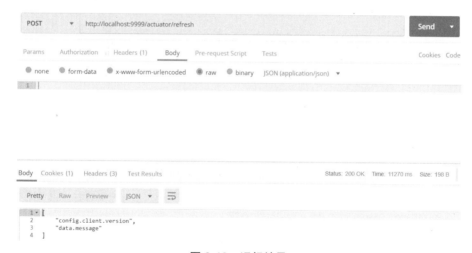

图 8-13 运行结果

⑤ 再次执行步骤②，发现返回了数据 `test2`，说明配置已经生效。

注意：自始至终，我们并未重启 test 工程。

8.4.2 Spring Cloud Bus 自动刷新配置

通过上一节，我们已经实现了配置的刷新。虽然修改配置后无须重启服务，但也需人工干预，手动刷新配置，而且所有节点都必须配置 `refresh` 端点，这并不是我们想要的结果。本节，我将通过 Spring Cloud Bus 和 Git 仓库的 Webhooks，实现配置的自动刷新，即修改配置后无须任何操作即可使配置生效。

Spring Cloud Bus 使用轻量级的消息代理（如 RabbitMQ、Kafka 等）连接分布式系统的节点。通过 Spring Cloud Bus 可以向每个服务广播消息，如状态的变更。

本书使用 RabbitMQ 进行消息的分发，读者在集成 Spring Cloud Bus 之前需优先安装 RabbitMQ，安装教程请参照本书第 10 章。

接下来我们集成 Spring Cloud Bus。

(1) 在 common 工程中添加依赖：

```xml
<dependency>
    <groupId>org.springframework.cloud</groupId>
    <artifactId>spring-cloud-starter-bus-amqp</artifactId>
</dependency>
```

前面已经提过，Spring Cloud Bus 集成了消息队列，而 amqp 正是 RabbitMQ 的 Spring Cloud 依赖。

(2) 在 config 工程的 application.yml 中增加如下配置：

```yaml
management:
    endpoints:
        web:
            exposure:
                include: refresh,health,info,bus-refresh
spring:
    rabbitmq:
        host: 127.0.0.1
        port: 5672
        username: guest
        password: guest
        virtualHost: /
        publisherConfirms: true
```

读者应该已经发现，在上述配置中，include 后面多配置了一个端点 bus-refresh，Spring Cloud Config 是通过 bus-refresh 端点和 RabbitMQ 进行通信的。

spring.rabbitmq 为 RabbitMQ 的基本配置，其中 host 为 RabbitMQ 服务地址，如果安装到本地，则为 127.0.0.1 或 localhost；port 为 RabbitMQ 的端口，默认端口为 5672，username 为 RabbitMQ 访问用户名；password 为密码；virtualHost 为虚拟主机，读者可以理解为每个 virtualHost 都是一个独立的 RabbitMQ 服务器，默认为 "/"；publisherConfirms 设置为 true，表示需要确认消息，也就是说消费者认了该消息，RabbitMQ 才会认为该消息已经被接受，否则将会在 RabbitMQ 服务器中挂起。

(3) 测试。

按照 7.4.1 节的测试方法进行测试，只是需要将 refresh 端点改成 bus-refresh，如图 8-14 所示。

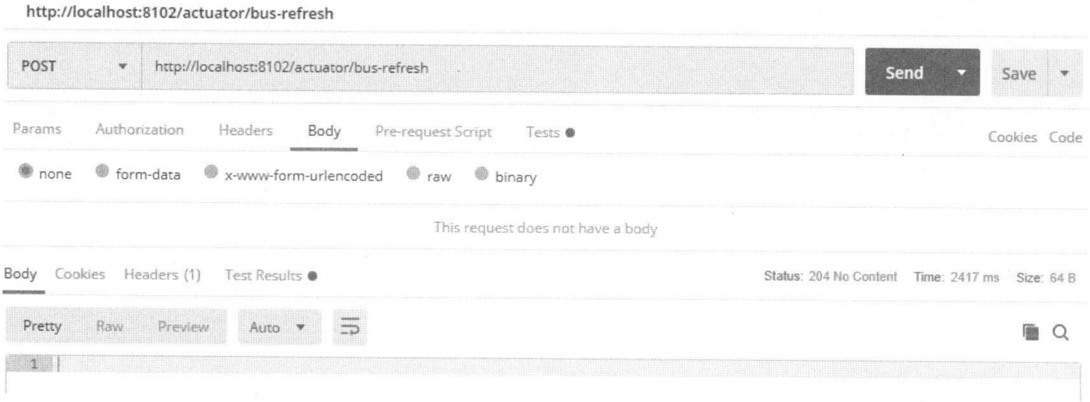

图 8-14　运行结果

可以发现，配置也发生了变化，我们只需要调用 Config Server 的 bus-refresh 端点即可完成整个系统的配置刷新。

结合 Git 仓库的 Webhooks，就可以实现配置的自动刷新，如图 8-15 所示。

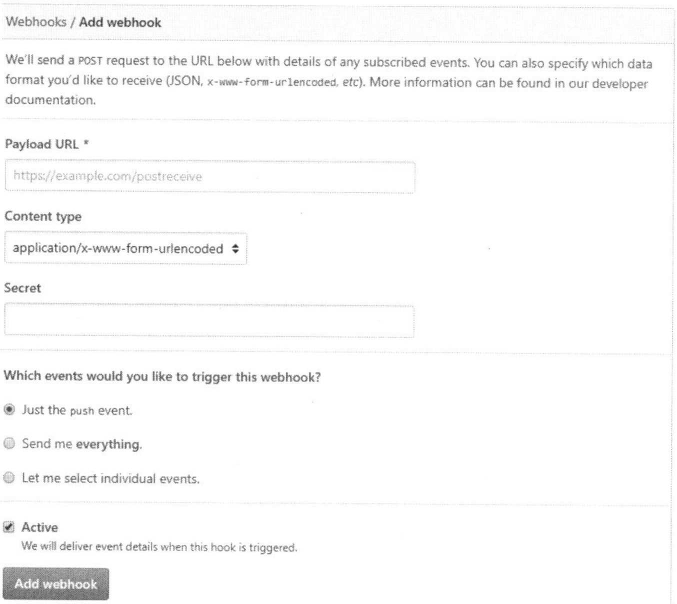

图 8-15　WebHook 设置

Payload URL 设置为远程 HTTP bus-refresh 端点，当有新配置被提交时，Webhooks 会自动请求 bus-refresh 端点，从而实现配置的自动刷新。

注意：Payload URL 必须设置为外网可访问的地址，如果设置为局域网地址，Webhooks 将无法请求。

8.5 添加用户认证

在前面的配置中，我们的配置中心是可以任意访问的，虽然可以对内容进行加密设置，但是为了进一步保护我们的数据，可以对配置中心设置安全认证，即输入用户名和密码才能进行访问。

(1) 在 config 工程中添加依赖：

```
<dependency>
    <groupId>org.springframework.boot</groupId>
    <artifactId>spring-boot-starter-security</artifactId>
</dependency>
```

前面已经提到该依赖是权限验证依赖，此处不再解释。

(2) 为 application.yml 增加以下内容：

```
spring:
  security:
    user:
      name: admin #安全认证用户名
      password: admin #安全认证密码
```

上述配置我们通过 name 和 password 分别设置好用户名和密码。这样当我们启动 config 并访问 localhost:8102/时，将会和注册中心一样出现登录框。我们的服务若要访问配置中心，则需要配置用户名和密码，下面以 test 工程为例讲解如何配置，方法很简单，只需要在 bootstrap.yml 添加以下内容即可：

```
spring:
  cloud:
    config:
      #配置中心用户名
      username: admin
      #配置中心密码
      password: admin
```

我们分别在 username 和 password 配置项中设置 Config Server 的用户名和密码。

这时启动 test 工程，可以看到 test 工程已成功拉取配置文件。

8.6 小结

本章主要介绍了 Spring Cloud Config 的基本用法，涵盖了 Config 的方方面面，从配置的拉取、内容的加密到安全认证，读者可以根据自身项目的实际要求来选择是否加密，是否进行安全认证。

第二部分 实战篇

第 9 章

服务网关：Spring Cloud Gateway

第二部分 实战篇

第 9 章 服务网关：Spring Cloud Gateway

前面已经介绍了基于 Spring Cloud 搭建微服务框架所需要的必需组件，利用这些组件再配合客户端就可以构建出一个完整的系统。但在实际应用场景中，每一个微服务都会部署到内网服务器中，或者禁止外部访问这些端口，这是对应用的一种安全保护机制。因此，我们如果想通过互联网来访问这些服务，需要一个统一的入口，这就是本章将介绍的微服务的又一大组件——服务网关。

我们需要服务网关，还有一些很重要的因素，比如服务网关会对接口进行统一拦截并做合法性校验，一个服务可以启动多个端口，利用服务网关进行负载均衡处理等。

目前市面上有很多产品可以实现服务网关这一功能，如 Nginx、Apache、Zuul 以及 Spring Cloud Gateway 等。Spring Cloud 集成了 Zuul 和 Gateway，我们可以很方便地实现服务网关这一功能。

9.1 Gateway 简介

关于 Gateway，其官网是这样描述的：

This project provides a library for building an API Gateway on top of Spring MVC. Spring Cloud Gateway aims to provide a simple, yet effective way to route to APIs and provide cross cutting concerns to them such as: security, monitoring/metrics, and resiliency.

这个项目提供了一个在 Spring MVC 之上构建的 API 网关库，Spring Cloud Gateway 致力于提供一个简单而有效的方法来由路由到 API，并为它们提供跨领域的关注点，如安全、监控/度量和弹性。

Gateway 是由 Spring Cloud 官方开发的一套基于 WebFlux 实现的网关组件，它的出现是为了替代 Zuul。Gateway 不仅提供统一的路由方式，还基于 Filter Chain 供了网关的基本功能，例如安全、监控、埋点和限流等。

9.2 创建服务网关

本节中，我们将开始创建服务网关，进一步优化我们的微服务架构。

(1) 创建一个子工程，命名为 gateway 并添加以下依赖：

```xml
<dependency>
    <groupId>org.springframework.cloud</groupId>
    <artifactId>spring-cloud-starter-gateway</artifactId>
</dependency>
<dependency>
    <groupId>org.springframework.boot</groupId>
    <artifactId>spring-boot-starter-webflux</artifactId>
</dependency>
<dependency>
    <artifactId>common</artifactId>
    <groupId>com.lynn.blog</groupId>
    <version>1.0-SNAPSHOT</version>
</dependency>
```

前面提到，Spring Cloud Gateway 基于 WebFlux，因此需要添加 WebFlux 依赖，注意不能引入 Web 依赖，否则无法正常启动 gateway 工程；此外，为了启用服务网关功能，还需要添加 `spring-cloud-starter-gateway` 依赖。

(2) 在 Git 仓库创建一个配置文件 gateway.yml，并添加以下内容：

```yaml
server:
    port: 8080
spring:
    application:
        name: gateway
    cloud:
        #Spring Cloud Gateway 路由配置方式
        gateway:
            #是否与服务发现组件进行结合，通过 serviceId(必须设置成大写) 转发到具体的服务实例。
            #默认为 false，设为 true 便开启通过服务中心的自动根据 serviceId 创建路由的功能
            discovery:
                #路由访问方式：http://Gateway_HOST:Gateway_PORT/大写的serviceId/**，
                # 其中微服务应用名默认大写访问
                locator:
                    enabled: true
logging:
    #配置网关日志策略
    level:
        org.springframework.cloud.gateway: trace
        org.springframework.http.server.reactive: debug
        org.springframework.web.reactive: debug
        reactor.ipc.netty: debug
```

```
feign:
   hystrix:
       #开启熔断器
       enabled: true
```

在上述配置中 spring.cloud.gateway.discovery.locator.enabled 默认为 false，设置为 true，我们就可以通过注册中心的 serviceId 请求路由地址，路由访问格式为 http://Gateway_HOST:Gateway_PORT/serviceId/**，其中微服务应用名默认大写；logging.level 配置的是服务网关日志策略。

(3) 在 gateway 工程下创建 bootstrap.yml 配置文件，并添加以下内容：

```
spring:
   cloud:
       config:
           name: eurekaclient,gateway
           label: master
           discovery:
               enabled: true
               serviceId: config
           username: admin
           password: admin
eureka:
   client:
       serviceUrl:
           defaultZone: http://admin:admin123@localhost:8101/eureka/
```

上述配置通过 spring.cloud.config.name 指定要拉取的文件，除了 gateway 还多了 eurekaclient 文件。eurekaclient 用于配置 Eureka 客户端。由于每个微服务都应注册到 Eureka 服务端中，所以每个服务都需要拉取 eurekaclient 配置，该配置内容如下：

```
spring:
   cloud:
       inetutils:
           preferred-networks: 127.0.0.1
eureka:
   instance:
       prefer-ip-address: true
   client:
       register-with-eureka: true
       fetch-registry: true
#开启熔断器
```

```
feign:
  hystrix:
    enabled: true
```

这些配置前面已经讲解，这里不再重复。

(4) 创建应用启动类 `GatewayApplication`，代码和前面讲的入口程序类似，此处省略具体的代码。

这样一个最简单的服务网关组件就搭建完成了。

接下来，分别启动 register、config、test、gateway 工程并访问 localhost:8080/TEST/test，如果出现如图 9-1 所示的内容，说明服务网关搭建成功。

图 9-1　运行结果

在以上地址中，8080 为网关启动端口，TEST 为服务注册名（Spring Cloud 默认为大写），test 为服务的 restapi[①]地址。

9.3　利用过滤器拦截 API 请求

使用服务网关还有一个很重要的原因是我们需要对外提供统一的 HTTP 入口，便于我们管理各个服务接口，尤其是在鉴权[②]方面。假如没有服务网关进行拦截，就需要在每个服务下都实现拦截代码，而微服务系统的鉴权逻辑往往是一样的，代码也是一样的，所以这样做不利于维护和扩展。因此，我们可以利用 Spring Cloud Gateway 统一过滤外来请求。

服务网关提供了多种过滤器（filter）供大家选择，如 `GatewayFilter` 和 `GlobalFilter` 等，不同过滤器的作用是不一样的，`GatewayFilter` 处理单个路由的请求，而 `GlobalFilter` 根据名字就能知道，它是一个全局过滤器，可以过滤所有路由请求。本书以全局过滤器 `GlobalFilter` 为例，讲解如何通过过滤器过滤 API 请求，达到鉴权的目的。

---

① restapi 即 `@RequestMapping` 注解定义的接口地址。
② 鉴权指验证用户是否拥有访问系统的权利。

(1) 创建 ApiGlobalFilter 类，并实现 GlobalFilter：

```java
@Component
public class ApiGlobalFilter implements GlobalFilter {

    @Override
    public Mono<Void> filter(ServerWebExchange exchange, GatewayFilterChain chain) {
        String token = exchange.getRequest().getQueryParams().getFirst("token");
        if (StringUtils.isBlank(token)) {
            ServerHttpResponse response = exchange.getResponse();
            JSONObject message = new JSONObject();
            message.put("status", -1);
            message.put("data", "鉴权失败");
            byte[] bits = message.toJSONString().getBytes(StandardCharsets.UTF_8);
            DataBuffer buffer = response.bufferFactory().wrap(bits);
            response.setStatusCode(HttpStatus.UNAUTHORIZED);
            response.getHeaders().add("Content-Type", "text/json;charset=UTF-8");
            return response.writeWith(Mono.just(buffer));
        }
        return chain.filter(exchange);
    }
}
```

上述代码的意思是过滤所有请求路由，从参数中提取 token 并通过 chain.filter 方法执行目标路由，如果没有 token，则提示鉴权失败，并通过 writeWith 方法返回。

Spring Cloud Gateway 依赖 WebFlux，而 WebFlux 通过 Mono 对象返回数据，因此上述过滤器也返回了 Mono 对象。我们注意到，filter 方法返回的是 Mono<Void>，读者可以将 Void 类理解为同 Java 的 void 关键字一样的功能，它其实就是 void 关键字的包装类，同 int 和 Integer 的区别一样。该 Mono 并不返回任何数据，我们如果将它想象成普通的定义方法，就应该是 void filter()。

(2) 启动 gateway 工程，访问 localhost:8080/TEST/test，得到以下结果，如图 9-2 所示。说明全局过滤器对路由做了过滤处理。将地址加上 token 参数后，将会得到如图 9-1 所示的结果。

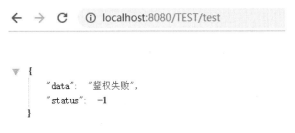

图 9-2　运行结果

9.4 请求失败处理

如果要调用的服务出现异常或者宕机了，那么 Gateway 请求失败，必然会返回错误。这时停止 test 工程并访问网关地址，可以看到如图 9-3 所示的界面。

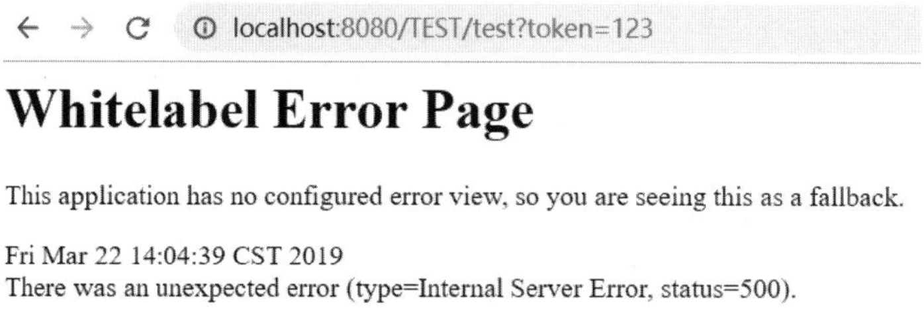

```
← → C     ⓘ localhost:8080/TEST/test?token=123
```

Whitelabel Error Page

This application has no configured error view, so you are seeing this as a fallback.

Fri Mar 22 14:04:39 CST 2019
There was an unexpected error (type=Internal Server Error, status=500).

图 9-3　运行结果

这种 500 错误对用户是不友好的，需要对服务网关进行统一的异常处理并给客户端返回统一的 JSON 数据，让客户端具有友好的体验，具体步骤如下。

（1）创建异常处理类 JsonExceptionHandler，它继承自 DefaultErrorWebExceptionHandler：

```java
public class JsonExceptionHandler extends DefaultErrorWebExceptionHandler{
    public JsonExceptionHandler(ErrorAttributes errorAttributes, ResourceProperties
        resourceProperties, ErrorProperties errorProperties, ApplicationContext
            applicationContext) {
        super(errorAttributes, resourceProperties, errorProperties, applicationContext);
    }

    @Override
    protected Map<String, Object> getErrorAttributes(ServerRequest request, boolean
        includeStackTrace) {
        int code = 500;
        Throwable error = super.getError(request);
        if (error instanceof org.springframework.cloud.gateway.support.NotFoundException)
        {
            code = 404;
        }
        return response(code, this.buildMessage(request, error));
    }

    @Override
    protected RouterFunction<ServerResponse> getRoutingFunction(ErrorAttributes
        errorAttributes) {
        return RouterFunctions.route(RequestPredicates.all(), this::renderErrorResponse);
```

```java
    }

    @Override
    protected HttpStatus getHttpStatus(Map<String, Object> errorAttributes) {
        int statusCode = (int) errorAttributes.get("code");
        return HttpStatus.valueOf(statusCode);
    }
    private String buildMessage(ServerRequest request, Throwable ex) {
        StringBuilder message = new StringBuilder("Failed to handle request [");
        message.append(request.methodName());
        message.append(" ");
        message.append(request.uri());
        message.append("]");
        if (ex != null) {
            message.append(": ");
            message.append(ex.getMessage());
        }
        return message.toString();
    }

    public static Map<String, Object> response(int status, String errorMessage) {
        Map<String, Object> map = new HashMap<>();
        map.put("code", status);
        map.put("message", errorMessage);
        map.put("data", null);
        return map;
    }
}
```

SpringBoot 提供了默认的异常处理类 DefaultErrorWebExceptionHandler，显示效果如图 9-3 所示，这显然不符合我们的预期。因此，需要重写此类，并返回 JSON 格式。

Spring Cloud Gateway 进行异常处理的原理是，当出现请求服务失败（可以是服务不可用，也可以是路由地址 404[①]等）的情况，首先会调用 getRoutingFunction 方法，该方法接收 ErrorAttributes 对象，即接收具体的错误信息，然后调用 getErrorAttributes 方法获得异常属性，通过该方法判断具体的错误码，最终将错误信息放到 Map 并返回客户端。

(2) 覆盖默认异常，具体的实现如下：

```java
@SpringBootConfiguration
@EnableConfigurationProperties({ServerProperties.class, ResourceProperties.class})
```

---

① 404 为 HTTP 协议状态码，表示页面找不到（Not Found）。

```java
public class ErrorHandlerConfiguration {
    private final ServerProperties serverProperties;
    private final ApplicationContext applicationContext;
    private final ResourceProperties resourceProperties;
    private final List<ViewResolver> viewResolvers;
    private final ServerCodecConfigurer serverCodecConfigurer;
    public ErrorHandlerConfiguration(ServerProperties serverProperties,
        ResourceProperties resourceProperties, ObjectProvider<List<ViewResolver>>
            viewResolversProvider, ServerCodecConfigurer serverCodecConfigurer,
                ApplicationContext applicationContext) {
        this.serverProperties = serverProperties;
        this.applicationContext = applicationContext;
        this.resourceProperties = resourceProperties;
        this.viewResolvers = viewResolversProvider.getIfAvailable(Collections::emptyList);
        this.serverCodecConfigurer = serverCodecConfigurer;
    }

    @Bean
    @Order(Ordered.HIGHEST_PRECEDENCE)
    public ErrorWebExceptionHandler errorWebExceptionHandler(ErrorAttributes
        errorAttributes) {
        JsonExceptionHandler exceptionHandler = new JsonExceptionHandler(
            errorAttributes,
            this.resourceProperties,
            this.serverProperties.getError(),
            this.applicationContext);
        exceptionHandler.setViewResolvers(this.viewResolvers);
        exceptionHandler.setMessageWriters(this.serverCodecConfigurer.getWriters());
        exceptionHandler.setMessageReaders(this.serverCodecConfigurer.getReaders());
        return exceptionHandler;
    }
}
```

以上代码最核心的部分是 errorWebExceptionHandler 方法，因此上述类添加了 @SpringBoot-Configuration 注解，并且 errorWebExceptionHandler 声明了 @Bean。gateway 工程启动时就会执行 errorWebExceptionHandler 方法且需要返回 ErrorWebExceptionHandler 对象，方法内可以实例化 JsonExceptionHandler 对象并返回。这样 gateway 在发生异常时就会自动执行 JsonExceptionHandler 而不会执行其默认类了。

（3）重新启动 gateway 并停止 test，访问地址 localhost:8080/TEST/test 就可以得到如图 9-4 所示的结果。

```
← → C  ⓘ localhost:8080/TEST/test?token=123

{
    "code": 500,
    "data": null,
    "message": "Failed to handle request [GET http://localhost:8080/TEST/test?token=123]: null"
}
```

图 9-4　运行结果

9.5　小结

本章介绍了 Spring Cloud 的另一大组件：服务网关，它是外部通信的唯一入口。在实际项目中，我们需要对接口进行安全性校验，而一套微服务架构可能存在成千上万个服务，不可能对每个服务都单独实现安全机制，而应通过服务网关统一拦截。Spring Cloud Gateway 默认实现了负载均衡，一个服务可以部署到多台服务器，通过其负载均衡机制，可以有效地提升系统的并发处理能力。

第二部分
实战篇

第 10 章

功能开发

第二部分 实战篇

第 10 章 功能开发

通过前几章的学习,我们已经搭建好了博客网站的基本框架。本章我们将正式开始网站的功能开发。

10.1 开发前的准备

在正式实现业务逻辑之前,我们先来分析一下完成本应用所需的一些基本框架并将它们集成到工程中。

我们将在开发前做以下准备。

- 本系统需要用到 MySQL,持久层框架采用 MyBatis。
- 在缓存方面将用到 Redis,主要用于用户登录信息、验证码等的存储。Redis 在第 5 章中已经封装,本章将不再赘述。
- 搜索方面,我们采用比较成熟的 Elasticsearch 开发系统的搜索引擎。

下面我们就来分别集成并封装 MyBatis 和 Elasticsearch 框架。

10.1.1 MyBatis 的集成

MyBatis 的集成比较简单,按照以下步骤操作即可。

(1) 在 public 工程中添加 MySQL、MyBatis 和 Druid 的依赖:

```xml
<dependency>
    <groupId>org.mybatis.spring.boot</groupId>
    <artifactId>mybatis-spring-boot-starter</artifactId>
    <version>1.3.2</version>
</dependency>
<dependency>
    <groupId>mysql</groupId>
    <artifactId>mysql-connector-java</artifactId>
    <version>5.1.46</version>
```

```xml
</dependency>
<dependency>
    <groupId>com.alibaba</groupId>
    <artifactId>druid-spring-boot-starter</artifactId>
    <version>1.1.10</version>
</dependency>
```

其中 Druid 是阿里巴巴开发的一个数据库连接池框架，本系统的数据库连接池框架采用 Druid。

(2) 在配置中心的远程 Git 仓库中新增配置文件 datasource.yml 并配置数据源：

```yaml
spring:
    datasource:
        druid:
            url: jdbc:mysql://localhost:3306/blog_db?useUnicode=true&characterEncoding=UTF-8&useSSL=false
            username: root
            password: ******
            stat-view-servlet:
                login-username: admin
                login-password: admin
mybatis:
    #配置 mapper.xml 的 classpath 路径
    mapper-locations: classpath:/mapper/*Mapper.xml
    configuration:
        #配置项：开启下划线到驼峰的自动转换。作用：将数据库字段根据驼峰规则自动注入到对象属性
        map-underscore-to-camel-case: true
```

在上述配置中，`spring.datasource.druid` 为数据库连接池 Druid 的基本配置。其中 url 为数据库连接字符串，username 和 password 分别对应数据库的用户名和密码。Druid 的强大不仅在于它的数据库查询性能，还在于它提供了强大的 Web 界面，在该界面中可以查看当前数据库的信息、查询语句的执行效率统计等。在上述配置中，`login-username` 和 `login-password` 可以设置 Druid 的 Web 管理界面的用户名和密码，我们集成了 Druid 的微服务模块，可以通过地址 http://localhost:8201/druid 访问 Druid 的 Web 管理界面（8201 为集成了 Druid 的应用端口号）。当然，我们需要输入上述配置设置的用户名和密码，然后就可以进入其 Web 管理主界面，如图 10-1 所示。

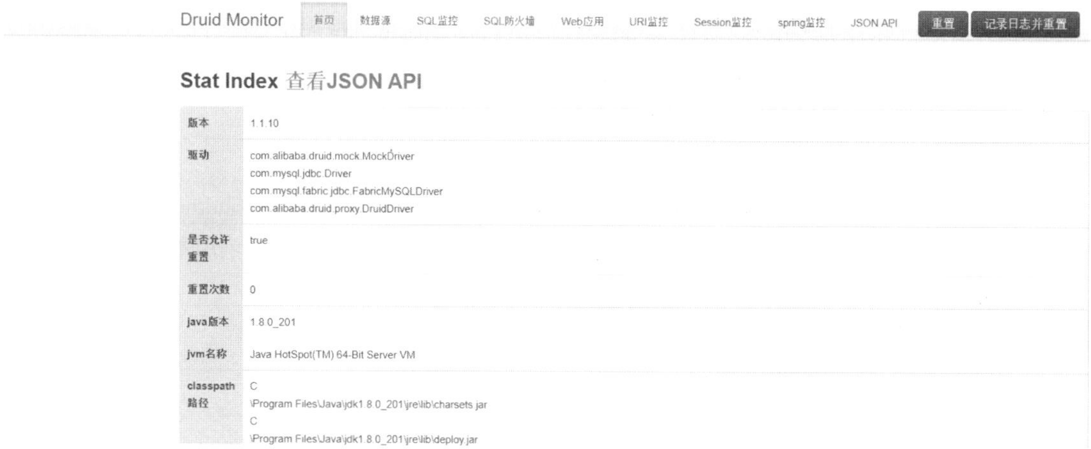

图 10-1 Druid 的 Web 管理界面

(3) 在每个服务的配置中引入 datasource.yml：

```yaml
spring:
  cloud:
    config:
      name: eurekaclient,datasource
      label: master
      discovery:
        enabled: true
        serviceId: config
      username: admin
      password: admin
eureka:
  client:
    service-url:
      defaultZone: http://admin:admin123@localhost:8101/eureka/
```

前面已经提到，在 spring.cloud.config.name 中设置要拉取的配置，多个配置之间以逗号分隔，因此要引入哪个配置文件，在逗号后面添加即可。

10.1.2　Elasticsearch 的集成

Elasticsearch 是一个分布式的、基于 Restful 的全文搜索引擎。Elasticsearch 是用 Java 开发的并作为 Apache 许可条款下的开放源码发布，是一款当前流行的企业级搜索引擎。常被用于云计算中，能够实现实时搜索且稳定、可靠、快速、方便。

我们可以将 Elasticsearch 看作一个用于全文检索的数据库，通过将需要检索的数据存储到

Elasticsearch 中,可以提升应用的搜索性能。想要将 Elasticsearch 集成到应用中,需要先安装 Elasticsearch,本节将简单介绍 Windows 和 Mac 两种操作系统的安装步骤。

1. 在 Windows 系统下安装 Elasticsearch

从 Elasticsearch 官网 https://www.elastic.co/downloads/elasticsearch 中下载 Windows 版本的压缩包。解压缩文件并进入 bin 目录,双击 elasticsearch.bat 即可启动 Elasticsearch。启动后,访问 localhost:9200,如果出现如图 10-2 所示的界面,说明 Elasticsearch 安装成功。

图 10-2 运行结果

> 注意:如果启动报"此时不应有\Common"等类似错误,可能是没有设置 Java 环境变量,需要读者先设置 Java 环境变量,设置方法略。

2. macOS 安装 Elasticsearch。

我们可以直接通过命令 `brew install elasticsearch` 完成安装,然后通过命令 /usr/local/Cellar/elasticsearch/6.2.4/bin/elasticsearch 启动 Elasticsearch。

安装过程受限于网络环境,可能会比较耗时,需要耐心等待。

3. Spring Cloud 集成 Elasticsearch。

首先在 search 工程添加以下依赖:

```xml
<dependency>
    <groupId>org.springframework.boot</groupId>
    <artifactId>spring-boot-starter-data-elasticsearch</artifactId>
</dependency>
<dependency>
    <groupId>io.searchbox</groupId>
    <artifactId>jest</artifactId>
</dependency>
```

其中，spring-boot-starter-data-elasticsearch 为 Spring Boot 集成 Elasticsearch 所需的依赖包。elasticsearch 已经具备了应用于 Elasticsearch 的 Java API，但不支持 HTTP。Jest 弥补了 Elasticsearch 自带 API 缺少 HTTP 客户端的不足。因此，引入 Jest 依赖可以很方便地访问 Elasticsearch 服务端。

在配置中心的 Git 仓库创建 elasticsearch.yml 文件，内容如下：

```yaml
spring:
    elasticsearch:
        jest:
            #本地启动的Elasticsearch开启的HTTP地址,端口默认为9200
            uris: http://127.0.0.1:9200
```

该配置比较简单，只需要通过 uris 执行 HTTP 请求地址即可，上面指定的地址就是前面介绍 Elastisearch 安装时浏览器访问的地址。

下面我们进行单元测试，验证 Elasticsearch 是否成功集成。注意，在做单元测试的时候，务必先将 register 和 config 两个工程启动，因为服务的配置都存放在 Git 仓库中，如果不启动 config 工程，则无法从 Git 仓库拉取配置。测试代码如下：

```java
@Data
public class ESBlog {
    @JestId
    private Long id;
    private String title;
    private String summary;
}
//保存数据到Elasticsearch
ESBlog blog = new ESBlog();
blog.setId(1L);
blog.setTitle("测试标题");
blog.setSummary("测试摘要")
Index index = new Index.Builder(blog).index("blog-index").type("blog-table").build();
    jestClient.execute(index);
```

```
//查询数据
SearchSourceBuilder builder = new SearchSourceBuilder();
//指定查询关键词和字段
builder.query(QueryBuilders.multiMatchQuery("摘要","title,summary".split(",")))
        //分页，类似于 MySQL 中的 limit 0,10
        .from(0)
        .size(10);
Search search = new Search.Builder(builder.toString())
        .addIndex("blog-index")
        .addType("blog-table").build();
JestResult ret = jestClient.execute(search);
List<ESBlog> blogList = ret.getSourceAsObjectList(ESBlog.class);
System.out.println(list);
```

在保存数据时，首先通过 Index 类指定 index 为 blog-index，type 为 blog-table，index 可以理解为数据库名（相当于 MySQL 的 database），type 可以理解为表名（相当于 MySQL 的 table），通过 execute 方法即可完成数据保存。

在查询数据时，可以实例化 SearchSourceBuilder 对象并执行查询的关键词和字段，当然，它也支持分页，通过 from 和 size 方法执行分页参数即可。最后构建 Search 对象，并执行 index 和 type，执行 execute 方法即可完成数据查询。

执行上述代码，可以看到数据保存后被成功返回，这样就完成了 Elasticsearch 的集成。

10.2 利用代码生成器提升开发效率

本应用的持久层采用 MyBatis 框架，而 MyBatis 需要编写原生 SQL。应用操作中，占比最多的是一些单表操作或者基础的 SQL 语句（如增删改），如果每个语句都重新编写，工作量巨大且效率低下。我们可以利用代码生成器帮我们自动生成一些基础代码，以减少开发量。

本节将介绍一款开源的 MyBatis 代码生成器：mybatis-generator。mybatis-generator 可以帮我们生成大量的基础 SQL 语句。使用方法如下。

(1) 在父工程上新建一个工程并将其命名为 mybatis-generator，然后编写 pom.xml 文件：

```
<dependencies>
    <dependency>
        <groupId>org.mybatis.generator</groupId>
        <artifactId>mybatis-generator-core</artifactId>
        <version>1.3.2</version>
```

```xml
        </dependency>
    </dependencies>
    <build>
        <finalName>myabis-generator</finalName>
        <resources>
            <resource>
                <directory>src/main/java</directory>
                <includes>
                    <include>**/*.xml</include>
                </includes>
            </resource>
            <resource> <!-- 配置需要被替换的资源文件路径 -->
                <directory>src/main/resources</directory>
                <includes>
                    <include>**/*.properties</include>
                    <include>**/*.xml</include>
                </includes>
                <filtering>true</filtering>
            </resource>
        </resources>
        <plugins>
            <!-- mybatis-generator 插件 -->
            <plugin>
                <groupId>org.mybatis.generator</groupId>
                <artifactId>mybatis-generator-maven-plugin</artifactId>
                <version>${mybatis.generator.version}</version>
                <dependencies>
                    <dependency>
                        <groupId>com.lynn.blog</groupId>
                        <artifactId>mybatis-generator</artifactId>
                        <version>1.0-SNAPSHOT</version>
                    </dependency>
                </dependencies>
                <configuration>
                    <verbose>true</verbose>
                    <overwrite>true</overwrite>
                </configuration>
            </plugin>
        </plugins>
    </build>
```

mybatis-generator-core 为上述插件所需的依赖包，只需要添加该依赖就能让我们通过编码实现代码生成器规则，但是要执行代码生成器规则还需要指定 generator 的 Maven 插件。在 <build> 标签后加入对应的 Maven 插件 mybatis-generator-maven-plugin 并指定用于 mybatis-generator 工程，我们就可以执行插件了。

(2) 新建配置文件 generator.properties：

```
generator.jdbc.driver=com.mysql.jdbc.Driver
generator.jdbc.url=jdbc:mysql://localhost:3306/blog_db?useUnicode=true&amp;
    characterEncoding=utf-8&amp;autoReconnect=true&amp;useSSL=false
generator.jdbc.username=root
generator.jdbc.password=******
#MySQL 驱动所在全路径
classPathEntry=/Users/lynn/Downloads/mysql-connector-java-5.1.47.jar
```

上述配置较为简单，只需要指定数据库连接信息和 MySQL 驱动所在的全路径即可。

(3) mybatis-generator 提供了一些默认生成，比如 tinyint[①]默认生成 BIT 类型、没有分页等，它提供了插件接口，我们可以自定义插件，扩展代码生成器的规则。下面以分页插件为例讲解自定义插件的生成，读者可以参照本书的配套源码了解其余实现，请看代码：

```java
public class PaginationPlugin extends PluginAdapter {
    @Override
    public boolean validate(List<String> list) {
        return true;
    }
    /**
     * 为每个 Example 类添加 limit 和 offset 属性和 set、get 方法
     */
    @Override
    public boolean modelExampleClassGenerated(TopLevelClass topLevelClass,
        IntrospectedTable introspectedTable) {
        PrimitiveTypeWrapper integerWrapper = FullyQualifiedJavaType.getIntInstance().
            getPrimitiveTypeWrapper();
        Field limit = new Field();
        limit.setName("limit");
        limit.setVisibility(JavaVisibility.PRIVATE);
        limit.setType(integerWrapper);
        topLevelClass.addField(limit);
        Method setLimit = new Method();
        setLimit.setVisibility(JavaVisibility.PUBLIC);
        setLimit.setName("setLimit");
        setLimit.addParameter(new Parameter(integerWrapper, "limit"));
        setLimit.addBodyLine("this.limit = limit;");
        topLevelClass.addMethod(setLimit);
        Method getLimit = new Method();
        getLimit.setVisibility(JavaVisibility.PUBLIC);
```

---

① tinyint 是 MySQL 数据库中的一个数据类型：短整型。

```java
            getLimit.setReturnType(integerWrapper);
            getLimit.setName("getLimit");
            getLimit.addBodyLine("return limit;");
            topLevelClass.addMethod(getLimit);
            Field offset = new Field();
            offset.setName("offset");
            offset.setVisibility(JavaVisibility.PRIVATE);
            offset.setType(integerWrapper);
            topLevelClass.addField(offset);
            Method setOffset = new Method();
            setOffset.setVisibility(JavaVisibility.PUBLIC);
            setOffset.setName("setOffset");
            setOffset.addParameter(new Parameter(integerWrapper, "offset"));
            setOffset.addBodyLine("this.offset = offset;");
            topLevelClass.addMethod(setOffset);
            Method getOffset = new Method();
            getOffset.setVisibility(JavaVisibility.PUBLIC);
            getOffset.setReturnType(integerWrapper);
            getOffset.setName("getOffset");
            getOffset.addBodyLine("return offset;");
            topLevelClass.addMethod(getOffset);
            return true;
        }
        @Override
        public boolean sqlMapSelectByExampleWithoutBLOBsElementGenerated(XmlElement element,
            IntrospectedTable introspectedTable) {
            XmlElement ifLimitNotNullElement = new XmlElement("if");
            ifLimitNotNullElement.addAttribute(new Attribute("test", "limit != null"));
            XmlElement ifOffsetNotNullElement = new XmlElement("if");
            ifOffsetNotNullElement.addAttribute(new Attribute("test", "offset != null"));
            ifOffsetNotNullElement.addElement(new TextElement("limit ${offset}, ${limit}"));
            ifLimitNotNullElement.addElement(ifOffsetNotNullElement);
            XmlElement ifOffsetNullElement = new XmlElement("if");
            ifOffsetNullElement.addAttribute(new Attribute("test", "offset == null"));
            ifOffsetNullElement.addElement(new TextElement("limit ${limit}"));
            ifLimitNotNullElement.addElement(ifOffsetNullElement);
            element.addElement(ifLimitNotNullElement);
            return true;
        }
}
```

generator 提供了一个 PluginAdapter 类，方便我们实现自定义的代码生成插件，因此想要实现自定义插件，首先应继承 PluginAdapter 类并重写 validate、modelExampleClassGenerated 和 sqlMapSelectByExampleWithoutBLOBsElementGenerated 方法。其中，validate 用于设置插件是否

有效，上述代码返回 true，表示始终有效；modelExampleClassGenerated 的作用是生成 Example 代码，我们生成了分页必须的 offset 和 limit 方法，通过设置 offset 和 limit 即可完成分页；sqlMapSelectByExampleWithoutBLOBsElementGenerated 的作用是生成 Mapper.xml 代码，我们知道 MySQL 是通过 limit 关键词来分页的，因此上述代码也相应的生成 limit 语句来完成分页查询语句的创建。

(4) 新建 generatorConfig.xml：

```xml
<?xml version="1.0" encoding="UTF-8" ?>
<!DOCTYPE generatorConfiguration PUBLIC "-//mybatis.org//DTD MyBatis Generator Configuration 1.0//EN" "http://mybatis.org/dtd/mybatis-generator-config_1_0.dtd" >
<generatorConfiguration>
    <!-- 配置文件 -->
    <properties resource="generator.properties"></properties>
    <!-- 驱动包 -->
    <classPathEntry location="${classPathEntry}" />
    <context id="MysqlContext" targetRuntime="MyBatis3" defaultModelType="flat">
        <property name="javaFileEncoding" value="UTF-8"/>
        <!-- 由于 beginningDelimiter 和 endingDelimiter 的默认值为双引号("），在 MySQL 中不能
            这么写，所以还要将这两个默认值改为` -->
        <property name="beginningDelimiter" value="`"/>
        <property name="endingDelimiter" value="`"/>
        <property name="useActualColumnNames" value="false" />
        <!-- 为生成的 Java 模型创建一个 toString 方法 -->
        <plugin type="org.mybatis.generator.plugins.ToStringPlugin"></plugin>
        <!-- 为生成的 Java 模型类添加序列化接口，并生成 serialVersionUID 字段 -->
        <plugin type="com.lynn.blog.generator.plugin.SerializablePlugin">
            <property name="suppressJavaInterface" value="false"/>
        </plugin>
        <!-- 生成一个新的 selectByExample 方法，这个方法可以接收 offset 和 limit 参数，主要用来
            实现分页 -->
        <plugin type="com.lynn.blog.generator.plugin.PaginationPlugin"></plugin>
        <!-- Java 模型生成 equals 和 hashcode 方法 -->
        <plugin type="org.mybatis.generator.plugins.EqualsHashCodePlugin"></plugin>
        <!-- 生成的代码添加自定义注释 -->
        <commentGenerator type="com.lynn.blog.generator.plugin.CommentGenerator">
            <property name="suppressAllComments" value="true"/>
            <property name="suppressDate" value="true"/>
        </commentGenerator>
        <!-- 数据库连接 -->
        <jdbcConnection driverClass="${generator.jdbc.driver}"
                        connectionURL="${generator.jdbc.url}"
                        userId="${generator.jdbc.username}"
```

```xml
            password="${generator.jdbc.password}"/>
    <javaTypeResolver type="com.lynn.blog.generator.plugin.TypeGenerator"/>
    <!-- model 生成 -->
    <javaModelGenerator targetPackage="com.lynn.blog.pub.domain.entity"
        targetProject="src/main/java"/>
    <!-- MapperXML 生成 -->
    <sqlMapGenerator targetPackage="com.lynn.blog.pub.xml"
        targetProject="src/main/java"/>
    <!-- Mapper 接口生成 -->
    <javaClientGenerator targetPackage="com.lynn.blog.pub.mapper"
        targetProject="src/main/java" type="XMLMAPPER"/>
    <table tableName="blog" domainObjectName="Blog"><property name=
        "useActualColumnNames" value="false" /></table>
    <table tableName="category" domainObjectName="Category"><property name=
        "useActualColumnNames" value="false" /></table>
    <table tableName="collect" domainObjectName="Collect"><property name=
        "useActualColumnNames" value="false" /></table>
    <table tableName="comment" domainObjectName="Comment"><property name=
        "useActualColumnNames" value="false" /></table>
    <table tableName="like" domainObjectName="Like"><property name=
        "useActualColumnNames" value="false" /></table>
    <table tableName="user" domainObjectName="User"><property name=
        "useActualColumnNames" value="false" /></table>
    </context>
</generatorConfiguration>
```

我们要自动生成相应的数据库 CRUD[①]代码,还需要创建配置文件说明生成原则。在上述配置中,`<plugin>`标签指定了一些代码生成器的插件,其中可以看到有些是自定义的插件,有些是 generator 内置插件;`<property>`标签指定了基本属性,其中 useActualColumnNames 用于设置是否直接使用数据库的字段名,本处设置为 false,即不用数据库的名字,而是使用驼峰命名;`<javaModelGenerator>`标签指定了 entity 生成的目标包名;`<sqlMapGenerator>`标签指定 Mapper.xml 所在目录;`<javaClientGenerator>`标签指定 Mapper.java 所在包名;`<table>`标签指定要生成的表名,其中,tableName 为数据库对应的表名,domainObjectName 为生成后的实体名。

(5)利用 mybatis-generator 插件生成代码,如图 10-3 所示。

---

① CRUD 即我们常说的数据库的增删改查功能。

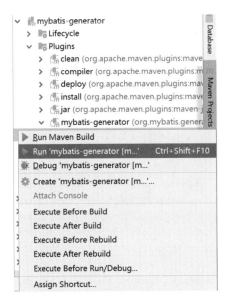

图 10-3 运行 mybatis-generator

先编译 mybatis-generator 工程，再点击 Run 即可快速生成代码。生成完成后，我们可以在 mybatis-generator 工程中看到代码，如图 10-4 所示。

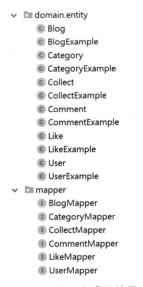

图 10-4 代码生成器结果

我们可以将这些代码都复制到 public 工程中，这样就完成了代码的生成，生成的代码包含了基本的 CRUD，查询语句支持动态查询、分页、排序等功能。

10.3 使用代码生成器生成的代码操作数据库

如图 10-4 所示，mybatis-generator 自动生成了 Domain、Mapper 和 XML 文件，其中 Domain 包括了 Entity 和 Example。Entity 和数据库表结构一一对应，Example 是我们操作数据库使用最频繁的类，它封装了分页、排序、查询条件等方法，我们做单表 CRUD 时就会大量使用 Example，可以达到过滤条件的目的。Mapper 封装了基本的 CRUD 方法，它和 XML 定义的 Mapper 对应，下面是其中一个数据库表对应的 Domain、Mapper 和 XML 的部分内容：

```java
public class User implements Serializable {
    private Long id;
    private Date gmtCreate;
    private Date gmtModified;
    private String username;
    private String password;
    ...
}
public class UserExample implements Serializable {
    protected String orderByClause;
    protected boolean distinct;
    protected List<Criteria> oredCriteria;
    private static final long serialVersionUID = 1L;
    private Integer limit;
    private Integer offset;
    public Criteria andIdIsNull() {
        addCriterion("id is null");
        return (Criteria) this;
    }
    ...
}
public interface UserMapper {
    int countByExample(UserExample example);
    int deleteByExample(UserExample example);
    int deleteByPrimaryKey(Long id);
    int insert(User record);
    int insertSelective(User record);
    List<User> selectByExample(UserExample example);
    User selectByPrimaryKey(Long id);
    int updateByExampleSelective(@Param("record") User record, @Param("example")
        UserExample example);
    int updateByExample(@Param("record") User record, @Param("example") UserExample
        example);
    int updateByPrimaryKeySelective(User record);
    int updateByPrimaryKey(User record);
```

```xml
}
<mapper namespace="com.lynn.blog.pub.mapper.UserMapper" >
  <resultMap id="BaseResultMap" type="com.lynn.blog.pub.domain.entity.User" >
    <id column="id" property="id" jdbcType="BIGINT" />
    <result column="gmt_create" property="gmtCreate" jdbcType="TIMESTAMP" />
    <result column="gmt_modified" property="gmtModified" jdbcType="TIMESTAMP" />
    <result column="username" property="username" jdbcType="VARCHAR" />
    <result column="password" property="password" jdbcType="VARCHAR" />
  </resultMap>
  ...
</mapper>
```

在操作单表时,我们无须针对每个功能都编写一个 SQL 语句,只需要灵活运用 Example 即可实现我们想要的功能,Example 实现了所有字段的查询条件,如=、!=、>、<、AND、OR、BETWEEN 等。

查看 Mapper 代码,可以发现查询方法为 selectByExample,需要传入 Example,因此我们可以构建一个 Example 并设置查询条件。以 User 为例,如果我们要查询用户名为 xxx 的用户,则构建的 Example 如下:

```
UserExample example = new UserExample();
example.createCriteria()
        .andUsernameEqualTo("xxx");
```

然后调用 selectByExample 方法,如:

```
userMapper.selectByExample(example);
```

新增数据的方法以 insert 开头,传入的参数是 Entity。insert 和 insertSelective 的区别在于前者不会进行判断,即如果 Entity 有字段为 null,则会将 null 值保存到该字段中,而后者会判断字段是否为 null,如果为 null 则不会将 null 值保存到该字段中。

修改和删除两个方法的使用比较类似,需要注意的是,凡是名称中带有 Selective 的方法均会先判断字段是否为 null,否则不会判断,读者在调用时可根据实际场景进行选择。

查询、修改和删除都有两个方式:按 ID 和按条件。按 ID 操作时后面都会带上 ByPrimaryKey。

如果数据库的某个字段为 text 类型,则生成时会多生成一个 selectByExampleWithBLOBs 方法,在查询时如果只调用 selectByExample 方法,则不会查询类型为 text 的字段,此时若要返回该字段,则需调用 selectByExampleWithBLOBs 方法。

10.4 MyBatis 应对复杂 SQL

MyBatis 的一大优势是它是操作原生 SQL，因此它可以应对很多复杂场景，而一些大型应用，都存在一些较为复杂的业务场景。前面学习的代码生成器主要针对单表的操作，面对复杂的业务，我们就需要自己编写 SQL。

MyBatis 提供了多种实现方式，包括 XML、注解和 Provider，而代码生成器生成了基本的 CRUD 代码，为了提升代码的扩展性，这里不能直接在原有的 Mapper 上增加方法，而应扩展一个子 Mapper 继承代码生成器生成的 Mapper，如：

```java
@Mapper
public interface SubBlogMapper extends BlogMapper {
}
```

代码生成器生成的 Entity 和数据库一一对应，如果当前业务需要的字段和数据库字段不一致时，也应扩展一个子 Entity。扩展方法的代码如下：

```java
@Data
public class SubBlog extends Blog {

    /**
     * 用户名
     */
    private String username;
}
```

比如我们在返回博客列表时，往往需要返回当前博主的用户名等信息，而博客表只关联了用户 ID，这时就需要扩展一个子 Entity，并且查询时返回子 Entity。

以上是一个比较良好的代码设计风格，也符合软件的架构模式，接下来就以博客列表为例，用注解和 Provider 两种方式分别讲解如何应对复杂 SQL。

10.4.1 注解

通过注解来查询 SQL 非常简单，只需要在方法上加入 @Select()即可（括号内输入 SQL 语句），如：

```java
@Select("select * from blog b,user u where b.user_id = u.id limit #{offset},#{limit}")
List<SubBlog> selectBlogList(@Param("offset") int offset,@Param("limit") int limit);
```

同 XML 一样，注解也可以使用<if>和<for>等标签，但必须用<script></script>将 SQL 语句包裹，如：

```
@Select("<script>select * from blog b,user u where b.user_id = u.id <if test=\"null !=
    title\">and b.title = #{title}</if> limit #{offset},#{limit}</script>")
List<SubBlog> selectBlogList(@Param("title")String title,@Param("offset") int
    offset,@Param("limit") int limit);
```

当条件较少时，这种写法没有问题，但如果条件很多，用这种注解的方式就不可取了。注解是写到字符串里面的，所以当单词拼写错误时，编译器不会报错，于是在包含复杂 SQL 语句的情况下很难排查错误。这时候，就轮到 Provider 登场了。

10.4.2 Provider

将方法标注为 Provider（查询为 @SelectProvider，新增为 @InsertProvider，修改为 @UpdateProvider，删除为 @DeleteProvider），然后通过 Provider 的方法动态生成 SQL 语句，将上述注解的 SQL 语句改造成 Provider 如下：

```
@SelectProvider(type= BlogProvider.class,method = "selectBlogListProvider")
List<SubBlog> selectBlogList(@Param("title")String title,@Param("offset") int offset,
    @Param("limit") int limit);

public class BlogProvider {

    public String selectBlogListProvider(@Param("title")String title, @Param("offset")
        int offset, @Param("limit") int limit){
        return new SQL(){
            {
                SELECT("*");
                FROM("blog b,user u");
                WHERE("b.user_id = u.id");
                if(null != title){
                    WHERE("b.title = #{title}");
                }
            }
        }.toString() + "limit #{offset},#{limit}";
    }
}
```

可以看到，上述代码没有使用 @Select 注解，而是采用 @SelectProvider 注解，该注解会指定一个类，并指定该类的方法。当调用 selectBlogList 方法时，MyBatis 就会指定 BlogProvider 类的 selectBlogListProvider 方法。

selectBlogListProvider 方法的参数和 selectBlogList 方法的参数保持一致，在方法体内直接返回 SQL 对象，并使用 toString 方法转换为字符串返回，其他方法的作用就是动态生成 SQL 语句（如 SELECT("*")表示生成 SELECT *，FROM("blog,user u")表示生成 FROM blog b ,user u），它最终执行的是 Provider 生成的 SQL 语句。读者看到 SQL 对象内的代码是否感觉似曾相识呢？没错，它和前面自己写的 SQL 语句是一样的，只是这里是调用了 Java 方法，比如 SELECT("*")最终返回的就是 select *。

通过 Provider 可以将一些关键词（select、from、where、order by 等）用 Java 代码代替，大大提升了可读性。

10.5 功能开发

本节中，我们将正式进入产品的功能开发，根据第 5 章提供的原型设计，我们可以将产品划分为以下几大模块。

- 用户管理：主要操作用户表，包括注册登录，用户信息管理等功能。
- 博客管理：主要操作博客表，包括博客的展示、发布等。
- 评论管理：主要操作评论相关表，包括评论的展示、发表、点赞等。
- 分类管理：主要操作分类表，包括分类列表展示等。
- 搜索服务：主要用于提供搜索引擎服务，开放博客的搜索接口。

对这些模块都创建一个子工程，每一个工程都是一个微服务，如图 10-5 所示。

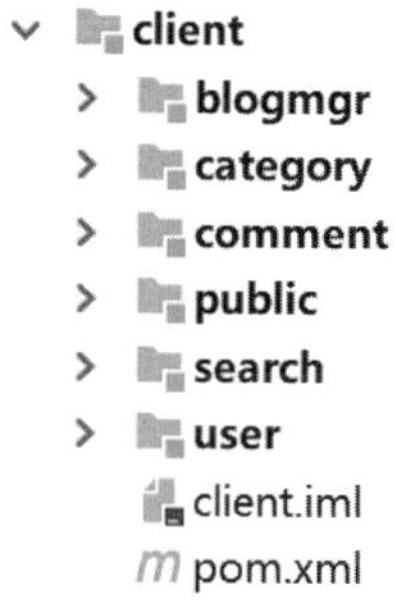

```
v client
  > blogmgr
  > category
  > comment
  > public
  > search
  > user
    client.iml
  m pom.xml
```

图 10-5　客户端服务

图中的 public 为各微服务的公共类库。

接下来，将以博客列表功能为例，来讲解功能的开发。

(1) 创建输入参数 Request 和输出参数 Response:

```java
@Data
public class BlogListRequest {
    //加了@NotNull 注解表示参数必填
    @NotNull
    private Long categoryId;
    @NotNull
    private Integer offset;
    @NotNull
    private Integer limit;
}
@Data
public class BlogListResponse {
    private Long id;
    private String title;
    private String summary;
    private String createTime;
    private Integer viewCount;
}
```

每一个接口（业务）都应该对应一个请求和一个响应，因此我们在提供接口时，首先要分析该接口接收什么参数，返回什么参数，从而定义 Request 和 Response。

(2) 定义接口:

```java
public interface BlogService {
    /**
     * 根据分类 ID 获得博客列表
     * @param request
     * @return
     */
    MultiResult<BlogListResponse> getBlogListByCategoryId(BlogListRequest request);
}
```

(3) 实现接口:

```java
@Service
public class BlogServiceImpl implements BlogService {
    @Autowired
    private BlogMapper blogMapper;
    @Override
    public MultiResult<BlogListResponse> getBlogListByCategoryId(BlogListRequest request) {
        BlogExample example = new BlogExample();
```

```java
            example.setOffset(request.getOffset());
            example.setLimit(request.getLimit());
            example.createCriteria()
                    .andCategoryIdEqualTo(request.getCategoryId());
            int count = blogMapper.countByExample(example);
            if(count > 0){
                List<Blog> blogList = blogMapper.selectByExample(example);
                if(null != blogList && blogList.size() > 0){
                    List<BlogListResponse> data = new ArrayList<>();
                    blogList.stream().forEach(blog -> {
                        BlogListResponse response = new BlogListResponse();
                        //将 blog 对象属性复制到 response
                        BeanUtils.copyProperties(blog,response);response.setCreateTime
                            (DateUtils.parseDate2String(blog.getGmtCreate(),"yyyy-MM-
                                dd HH:mm:ss"));
                        data.add(response);
                    });
                    return MultiResult.buildSuccess(data,count);
                }
                return MultiResult.buildSuccess(new ArrayList<>(),count);
            }
            return MultiResult.buildSuccess(new ArrayList<>(),count);
        }
    }
```

上述代码实现了一个最基本的接口：通过分类 ID 返回博客列表，其中数据查询部分使用 10.2 节介绍的代码生成器。我们将查询出的数据进行了一些处理，首先通过 BeanUtils.copyProperties 将 Entity 的数据复制到 Response 中，并处理一些数据，比如格式化时间等。

(4) 编写控制器，以提供 HTTP 调用能力：

```java
@RequestMapping("{version}/open/blog")
@RestController
public class BlogController extends BaseV1Controller {

    @Autowired
    private BlogService blogService;
    @PostMapping("getBlogListByCategoryId")
    public MultiResult<BlogListResponse> getBlogListByCategoryId(@Valid @RequestBody
        BlogListRequest request, BindingResult result){
        validate(result);
        return blogService.getBlogListByCategoryId(request);
    }
}
```

控制器的代码其实简单，就是调用 Service 方法。需要注意的是，在调用 Service 方法之前，应调用 validate 方法进行参数的合法性校验。

(5) 测试。

分别启动 register、config、gateway 和 blogmgr，用 postman 请求地址 http://localhost:8080/BLOG/v1/open/blog/getBlogListByCategoryId?token=1，可得到如图 10-6 所示的界面。

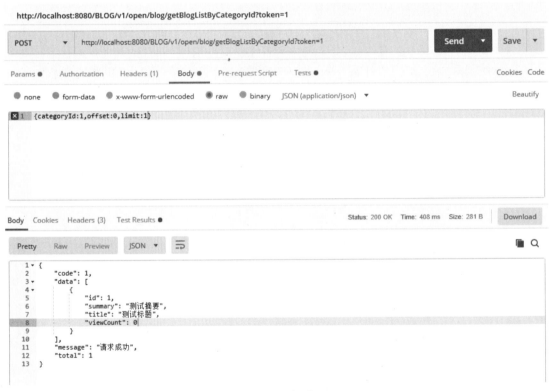

图 10-6　运行结果

10.6　网关鉴权

前面已经提到，我们请求的所有接口都需要通过网关来转发，而不是直接请求服务。对于一个 HTTP 接口来说，安全是最重要的，本节将介绍博客应用的鉴权机制。

细心的读者可以发现，上一节定义的接口地址中带有 open 接口，其实对于接口，我们可以大致划分为开放接口和私有接口。开放接口指无须用户登录即可访问的接口，私有接口则为登录后才能访问的接口。为了便于区分开放接口和私有接口，我们可以在接口地址"做文章"，即带有 open 的为开放接口，带有 close 的为私有接口。

10.6.1　防止参数被篡改

我们提供的接口是通过网络传输的，如果在传输过程中参数被拦截并将修改后的参数传输给服务器端，后果将非常严重。为了防止此类事件发生，我们需要对参数进行签名并校验。

签名的规则是，客户端将参数名按 ASCII 码升序排列，构建形如 key1=value1&key2=value2……的字符串（后面用 url 代替该字符串），然后将这个字符串进行 MD5 加密，如 MD5(url+key)（其中 key 为密钥），加密后生成签名字符串，将签名字符串放到请求头（header）中，参数放到请求体（body）中，传递到服务端。服务端以同样的方式签名，将签名后的结果和客户端传递过来的结果进行比较，如果一致说明参数没有被篡改，可以放过，否则中断操作。

这样如果中途有人篡改了参数，服务器签名后和客户端签名必然是不匹配的，有效地保护了参数的合法性。下面就来改造 gateway 工程的 ApiGlobalFilter 类，具体的代码如下：

```java
@Value("${api.encrypt.key}")
private String salt;

@Override
public Mono<Void> filter(ServerWebExchange exchange, GatewayFilterChain chain) {
    ServerHttpRequest serverHttpRequest = exchange.getRequest();
    String body = requestBody(serverHttpRequest);
    String uriBuilder = getUrlAuthenticationApi(body);
    //服务端生成额签名
    String sign = MessageDigestUtils.encrypt(uriBuilder + salt, Algorithm.MD5);
    //从 header 中取得签名字符串
    String signature = serverHttpRequest.getHeaders().getFirst("signature");
    if (sign != null && sign.equals(signature)) {
        //以下代码再次包装 request，否则会报：Only one connection receive subscriber
            allowed.错误
        URI uri = serverHttpRequest.getURI();
        ServerHttpRequest request = serverHttpRequest.mutate().uri(uri).build();
        DataBuffer bodyDataBuffer = stringBuffer(body);
        Flux<DataBuffer> bodyFlux = Flux.just(bodyDataBuffer);
        request = new ServerHttpRequestDecorator(request){
            @Override
            public Flux<DataBuffer> getBody() {
                return bodyFlux;
            }
```

```java
            };
            return chain.filter(exchange.mutate().request(request).build());
        } else {
            //签名错误
            ServerHttpResponse response = exchange.getResponse();
            byte[] bits = JSON.toJSONString(SingleResult.buildSuccess(Code.NO_PERMISSION,
                    "签名错误")).getBytes(StandardCharsets.UTF_8);
            DataBuffer buffer = response.bufferFactory().wrap(bits);
            return response.writeWith(Mono.just(buffer));
        }
    }

    /**
     * 将客户端传回的参数按照 ASCII 码升序排序生成 URL 字符串
     */
    private String getUrlAuthenticationApi(String body){
        if (StringUtils.isEmpty(body)) {
            return null;
        }
        List<String> nameList = new ArrayList<>();
        StringBuilder urlBuilder = new StringBuilder();
        JSONObject requestBodyJson = null;
        requestBodyJson = JSON.parseObject(body);
        nameList.addAll(requestBodyJson.keySet());
        final JSONObject requestBodyJsonFinal = requestBodyJson;
        nameList.stream().sorted().forEach(name -> {
            if(null != requestBodyJsonFinal){
                urlBuilder.append('&');
                urlBuilder.append(name).append('=').append(requestBodyJsonFinal.
                        getString(name));
            }
        });
        urlBuilder.deleteCharAt(0);
        return urlBuilder.toString();
    }

    /**
     * 获得 body 数据
     * @return 请求体
     */
    private String requestBody(ServerHttpRequest serverHttpRequest) {
        //获取请求体
        Flux<DataBuffer> body = serverHttpRequest.getBody();
        AtomicReference<String> bodyRef = new AtomicReference<>();
        body.subscribe(buffer -> {
```

```
        CharBuffer charBuffer = StandardCharsets.UTF_8.decode(buffer.asByteBuffer());
        DataBufferUtils.release(buffer);
        bodyRef.set(charBuffer.toString());
    });
    return bodyRef.get();
}

private DataBuffer stringBuffer(String value) {
    byte[] bytes = value.getBytes(StandardCharsets.UTF_8);
    NettyDataBufferFactory nettyDataBufferFactory = new NettyDataBufferFactory
        (ByteBufAllocator.DEFAULT);
    DataBuffer buffer = nettyDataBufferFactory.allocateBuffer(bytes.length);
    buffer.write(bytes);
    return buffer;
}
```

上述代码的作用是判断当前请求参数是否正常（即是否被篡改）。首先，调用 requestBody 方法获得 body 里的参数（JSON 格式），然后调用 getUrlAuthenticationApi 方法将参数名按照 ASCII 码升序排列，以 key1=value1&key2=value2 的形式拼接成字符串 urlBuilder，接着通过 MD5(urlBuilder+salt[①]) 的形式加密,返回签名字符串 sign,最后从请求头中取得 signature 进行判断,如果 sign 和 signature 相等，则签名通过，否则签名失败，予以拦截。

由于签名验证通过后参数是放到 body 中传输的，所以不能直接返回 Mono（如果以 form 表单形式或者直接放到请求地址中可以直接返回），需要再进行一层包装，否则会抛出 "Only one connection receive subscriber allowed" 异常。正如上述代码中，我们将 body 中的参数转成 DataBuffer 并通过 ServerHttpRequestDecorator 类做一层包装后返回。

10.6.2 拦截非法请求

所有私有接口都带有 close，而要调用私有接口则必须为已登录用户，程序确认客户端是否为登录用户的依据就是判断 token 是否合法。

当用户调用登录接口后，服务端会根据用户名、密码和时间戳等信息生成 token，并将 token 保存到 Redis 返回给客户端。我们要求客户端在调用私有接口时，向请求头传入 token，服务端在过滤器里判断当前 token 是否正确，如果正确，则允许调用接口，否则给出错误提示。

[①] 信息摘要算法存在碰撞破解，为了防止这种情况发生，我们需要随机生成一个称为 salt 的值（也称加盐值），将其同明文一起进行加密。

生成 token 的方式很随意，读者可以根据自己的喜好来生成，可以用 MD5、Base64 和 AES 等算法，下面是使用 AES 算法生成 token 的代码，如：

```
public static String generateToken(String username,String key){
    try {
        return AesEncryptUtils.aesEncrypt(username+ System.currentTimeMillis(),key);
    }catch (Exception e){
        e.printStackTrace();
        return null;
    }
}
```

token 生成后需要将它存入 Redis，key 为 token，value 为 user.getId()方法获取到的 userId：

```
redis.set(token,user.getId()+"");
```

这样当客户端传入 token 时，我们就可以从 Redis 里根据 token 读取 userId，如果能取到说明 token 合法，反之为非法请求。私有接口需传入 userId 并与服务器取得的 userId 做比较，如果相同则允许访问，否则给出错误信息，具体代码实现如下：

```
if(uri.getPath().contains("close")){
    String token = request.getHeaders().getFirst("token");
    if(StringUtils.isNotBlank(token)){
        String userId = (String) redis.get(token);
        if(StringUtils.isNotBlank(userId)){
            JSONObject jsonObject = JSON.parseObject(body);
            if(userId.equals(jsonObject.getLong("userId"))){
                return chain.filter(exchange.mutate().request(request).build());
            }else{
                ServerHttpResponse response = exchange.getResponse();
                byte[] bits = JSON.toJSONString(SingleResult.buildSuccess(Code.NO_PERMISSION,
                    "invalid token")).getBytes(StandardCharsets.UTF_8);
                DataBuffer buffer = response.bufferFactory().wrap(bits);
                return response.writeWith(Mono.just(buffer));
            }
        }else {
            ServerHttpResponse response = exchange.getResponse();
            byte[] bits = JSON.toJSONString(SingleResult.buildSuccess(Code.NO_PERMISSION,
                "invalid token")).getBytes(StandardCharsets.UTF_8);
            DataBuffer buffer = response.bufferFactory().wrap(bits);
            return response.writeWith(Mono.just(buffer));
        }
    }else{
```

```
        ServerHttpResponse response = exchange.getResponse();
        byte[] bits = JSON.toJSONString(SingleResult.buildSuccess(Code.NO_PERMISSION,
            "invalid token")).getBytes(StandardCharsets.UTF_8);
        DataBuffer buffer = response.bufferFactory().wrap(bits);
        return response.writeWith(Mono.just(buffer));
    }
}
```

10.7 单元测试

我们将接口开发完成后,整个应用的开发就已接近尾声,最后需要进行测试才能发布应用。

单元测试工具有很多,本书将演示使用 JUnit 进行单元测试,使用步骤如下。

(1) 添加 JUnit 依赖:

```
<dependency>
    <groupId>org.springframework.boot</groupId>
    <artifactId>spring-boot-starter-test</artifactId>
</dependency>
```

(2) 在子工程目录下新建单元测试类,并编写测试代码:

```
@SpringBootTest(classes = UserApplication.class)
@RunWith(SpringJUnit4ClassRunner.class)
public class TestDB {
    @Autowired
    private UserService userService;
    @Test
    public void test(){
        try {
            LoginRequest request = new LoginRequest();
            request.setUsername("lynn");
            request.setPassword("1");
            System.out.println(userService.login(request));
        }catch (Exception e){
            e.printStackTrace();
        }
    }
}
```

上述代码通过添加 @SpringBootTest 注解指定启动入口类,@RunWith 注解用于指定单元测试启动器,在需要执行的方法上加入 @Test 即可。

(3) 单击右键，选择 Run 'test()'运行单元测试方法，如图 10-7 所示。

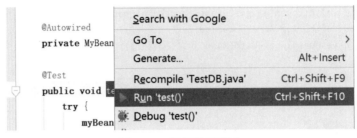

图 10-7　运行单元测试

10.8　小结

本章中我们正式开始了实战项目的功能开发。通过本章的学习，我们了解了如何高效地使用 MyBatis，简化我们的持久层开发，亦了解了接口的安全性校验，达到提升系统的安全性的目的。

第三部分 高级篇

第 11 章

服务间通信：Spring Cloud Netflix Ribbon 和 Spring Cloud OpenFeign

第三部分 高级篇

第 11 章 服务间通信：Spring Cloud Netflix Ribbon 和 Spring Cloud OpenFeign

一个大型的系统由多个微服务模块组成，我们一般可以通过内部接口调用的形式（服务 A 提供一个接口，服务 B 通过 HTTP 请求调用服务 A 的接口）实现各模块之间的通信。为了简化开发，Spring Cloud 集成了 Spring Cloud Netflix Ribbon 和 Spring Cloud OpenFeign，两个组件都支持通过 HTTP 请求不同的服务。

举个例子[①]，用户模块和评论模块，当查询评论列表时需要返回用户的基本信息（昵称、头像等），直接利用 SQL 语句关联查询是可以实现该需求的，但是耦合性较强，亦不利于扩展。用户信息应由用户模块提供，这时就需要用户模块提供接口，评论模块调用此接口，从而拿到用户数据。

本书将简要介绍 Spring Cloud Netflix Ribbon，借此引出 Sping Cloud OpenFeign，并详细介绍其用法。

11.1 Spring Cloud Netflix Ribbon 的使用

Spring Cloud Netflix Ribbon（即 Ribbon）是 Spring Cloud Netflix 的一个子项目，它提供了 HTTP 客户端和 TCP 客户端，用于支持各服务间的通信并且拥有负载均衡能力。

Ribbon 的一个核心概念是命名的客户端。每一个负载均衡器都是 Ribbon 组件的一部分，它们在需要的时候一起工作，并且和远程服务器通信。

在 Spring Cloud 工程中引用 Ribbon 非常简单，只需要在 pom.xml 中添加以下依赖：

```
<dependency>
    <groupId>org.springframework.cloud</groupId>
    <artifactId>spring-cloud-starter-netflix-ribbon</artifactId>
</dependency>
```

只要添加了上述依赖，该工程就拥有了 Ribbon 的 HTTP 远程调用能力。Ribbon 通过 `RestTemplate` 类调用远程服务器，因此我们还需要注入 `RestTemplate` 类，在 WebConfig 类中添加以下代码：

[①] 有很多数据库中间件可以实现分布式数据库的多表连接查询，这不在本书讨论范围，读者如有兴趣，可以自行研究。

```
@Bean
@LoadBalanced
public RestTemplate restTemplate(){
    return new RestTemplate();
}
```

除了读者已经熟悉的 @Bean 注解外，还多了一个 @LoadBalanced 注解，只有增加该注解，Ribbon 才会启用负载均衡。接下来演示通过 comment 服务远程调用 TEST 服务。

首先，在 comment 工程下创建 TestServiceRibbon 接口和 TestServiceImplRibbon 类，该类用于远程调用 TEST 服务的其中一个接口，编写代码如下：

```
public interface TestServiceRibbon {
    String test();
}
@Service
public class TestServiceImplRibbon implements TestServiceRibbon {
    @Autowired
    private RestTemplate restTemplate;

    @Override
    public String test() {
        return restTemplate.postForEntity("http://TEST/test",null,String.class).getBody();
    }
}
```

我们可以看到，代码注入了 `WebConfig` 配置的 `RestTemplate` 类，然后通过 `RestTemplate` 的 `postForEntity` 方法调用 TEST 服务的 `test` 接口，并通过 `getBody` 方法返回结果。

然后，创建控制器类，并编写如下代码：

```
@RequestMapping("ribbon")
@RestController
public class TestControllerRibbon {
    @Autowired
    TestServiceRibbon testServiceRibbon;
    @RequestMapping("test")
    private String test(){
        return testServiceRibbon.test();
    }
}
```

提供上述控制器的目的是更方便地测试 Ribbon 能否成功调用 TEST 服务及其负载均衡能力，当然也可以直接用单元测试，但是无法看到负载均衡效果。

我们可以分别启动 register、config、comment、test 工程，其中 test 工程分别以 9999 和 9998 端口启动两次，浏览器多次访问地址 localhost:8203/ribbon/test，可以看到分别打印出端口 9999 和 9998，说明 Ribbon 负载均衡已生效。

正如上面所说，如果不添加 `@LoadBalancer` 注解，则无法使用负载均衡功能，并且 `postForEntity` 传入的地址无法直接使用服务名 TEST，会报如图 11-1 所示的错误。

图 11-1　报错信息

因为失去了负载均衡能力，RestTemplate 不会拉取注册表信息，而是直接调用传入的地址，因而提示 TEST 是未知主机（host）。要解决这个问题，需要将 http://TEST/test 替换成具体的地址，如 http://localhost:9999/test。

接着介绍 `postForEntity` 方法，顾名思义，该方法以 POST 方式请求 HTTP 地址并返回相应的实体对象。其中第一个参数为请求地址，第二个参数为请求参数，第三个参数为要转成的实体类。`RestTemplate` 对应的方法还有 `getForEntity`，很明显该方法是 GET 请求。

通过 Ribbon 的学习，读者可以了解到服务间是如何通信的。但 Ribbon 也有自身的缺陷，它通过 `RestTemplate` 去调用 HTTP 接口，看起来就是一个 HTTP 远程调用，和整个微服务工程没有多大关系，我们完全可以自己通过远程 HTTP 请求实现。因此，Spring Cloud 又集成了 OpenFeign，它的使用更加优雅，像是工程自己的方法。

11.2　Spring Cloud OpenFeign

Spring Cloud OpenFeign 是一个声明式的 HTTP 客户端，它简化了 HTTP 客户端的开发，使编写 Web 服务的客户端变得更容易。使用 Spring Cloud OpenFeign，只需要创建一个接口并注解，就能很容易地调用各服务提供的 HTTP 接口。Spring Cloud OpenFeign 基于 OpenFeign 实现，它除了提供声明式的 HTTP 客户端外，还整合了 Spring Cloud Hystrix，能够轻松实现熔断器模型。

11.2 Spring Cloud OpenFeign

Spring Cloud 对 OpenFeign 进行了增强，使得 Spring Cloud OpenFeign 支持 Spring MVC 注解。同时，Spring Cloud 整合了 Ribbon 和 Eureka，这让 Spring Cloud OpenFeign 的使用更加方便。

Spring Cloud OpenFeign 能够帮助我们定义和实现依赖服务接口。在 Spring Cloud OpenFeign 的帮助下，只需要创建一个接口并用注解方式配置它，就可以完成服务提供方的接口绑定，减少在使用 Spring Cloud Ribbon 时自行封装服务调用客户端的开发量。

下面介绍如何在应用中集成 Spring Cloud OpenFeign。

（1）在 common 工程中添加如下依赖：

```
<dependency>
    <groupId>org.springframework.cloud</groupId>
    <artifactId>spring-cloud-starter-openfeign</artifactId>
</dependency>
```

（2）在 public 工程的启动类 PublicApplication.java 中加入 `@EnableFeignClients` 注解，启用 OpenFeign 功能：

```
@MapperScan(basePackages = "com.lynn.blog.pub.mapper")
@EnableFeignClients(basePackages = "com.lynn.blog")
public class PublicApplication extends Application{
}
```

由于每个工程的基础包名都不一致，如 user 工程包名为 `com.lynn.blog.user`，public 工程包名为 `com.lynn.blog.pub`，这里需要指定 basePackages 为 `com.lynn.blog`，以保证 Spring 容器可以扫描到 OpenFeign 注入的类（如果不指定 basePackages，则默认扫描加入该注解的类所在包及其子包）。

（3）创建 `TestServiceFeign` 接口，并编写以下代码：

```
@FeignClient(value = "test")
public interface TestServiceFeign {

    @RequestMapping("/test")
    String test();
}
```

其中，`@FeignClient("test")` 表示该接口是一个 OpenFeign 的 HTTP 客户端，注解内指定服务名，本示例指定 test，即 test 工程下 `spring.application.name` 配置的值。接口定义只需和 test 工程的控制器提供的接口一致（参数名、返回值和接口地址）即可，需要注意的是，`@RequestMapping` 指定的地址为接口地址全路径。

(4) 创建控制器验证 OpenFeign 的正确性。

```
@RequestMapping("feign")
@RestController
public class TestControllerFeign {
    @Autowired
    TestServiceFeign testServiceFeign;
    @RequestMapping("test")
    private String test(){
        return testServiceFeign.test();
    }
}
```

(5) 重启 comment 工程，浏览器多次访问地址 http://localhost:8203/feign/test，可以看到分别打印了 9999 和 9998 端口。

通过上述示例，我们发现 OpenFeign 使代码变得更加优雅，无须使用 RestTemplate 显式地调用 HTTP 服务，只需要指定想要调用的服务名即可。由于 OpenFeign 内部集成了 Ribbon，所以它也默认拥有了负载均衡能力。

11.3 自定义 OpenFeign 配置

OpenFeign 提供了默认的配置类 FeignClientsConfiguration，该类使用了默认的编码器（encoder）、解码器（decoder）、合约（contract）等。因为 OpenFeign 的核心是 HTTP 客户端，HTTP 传输是通过数据包（流）进行的，所以在发送请求、接受响应的过程中，有必要对数据进行编码和解码。而 OpenFeign 默认使用的合约是 SpringMvcContrace，它表示 OpenFeign 可以使用 Spring MVC 的注解，即上一节代码编写的 @RequestMapping。

Spring Cloud OpenFeign 允许通过 @FeignClient 注解的 configuration 属性编写自定义配置，自定义配置会覆盖默认的配置。

接下来，我们以覆盖合约为例，讲解自定义配置的编写。

创建一个 OpenFeign 的配置类 MyFeignConfiguration，其代码如下：

```
@SpringBootConfiguration
public class MyFeignConfiguration {

    @Bean
```

```
    public Contract feignContract(){
        return new feign.Contract.Default();
    }
}
```

上述代码定义了一个 Bean 方法，返回 Contract，即 OpenFeign 合约，该合约返回的是 OpenFeign 的默认合约，这样我们就可以使用 OpenFeign 的注解而不用 Spring MVC 注解。

修改 TestServiceFeign 接口，将@RequestMapping 注解替换成@RequestLine 注解，并通过 configuration 属性指定自定义配置，如：

```
@FeignClient(value = "test",fallback = TestServiceErrorFeign.class,configuration =
    MyFeignConfiguration.class)
public interface TestServiceFeign {
    @RequestLine("GET /test")
    String test();
}
```

需要注意的是，@RequestLine 的属性值需要指明请求方法，比如上述代码指定请求方法为 GET，如果不指定启动工程将报错。在 @FeignClient 注解的 configuration 属性中指定 MyFeignConfiguration 类，这样 OpenFeign 就会覆盖其默认配置而使用我们自定义的配置。

11.4 Spring Cloud OpenFeign 熔断

前面讲述了服务之间的相互通信，通过注解的形式，OpenFeign 的声明式 HTTP 客户端很容易做到不同服务之间的相互调用。

我们的服务最终会部署在服务器上，由于各种原因，服务难免会发生故障，这时其他服务将无法调用故障服务，可能会一直卡在那里，导致用户体验差。针对这个问题，我们需要对服务接口进行错误处理，一旦发现无法访问，立即返回并报错，即捕捉到异常后立刻以可读化的字符串的形式返回到前端。

基于以上问题，业界提出了熔断器模型。在 Spring Cloud 中，我们可以采用 SpringCloud Netflix Hystrix 实现熔断器。在 OpenFeign 集成熔断器之前，我们应对 Hystrix 有一定了解，因此本节先介绍 Hystrix，并将其集成到 OpenFeign 中。

11.4.1 Spring Cloud Netflix Hystrix 简介

Spring Cloud 集成了 Netflix 开源的 Hystrix 组件，该组件实现了熔断器模型，能够让我们很方便地实现熔断器。

在实际项目中，一个请求经常会调用多个服务，如果较底层的服务出现故障，将会发生连锁反应，这对于一个大型项目是灾难性的。因此，为了避免连锁反应的发生，当特定的服务不可用达到阈值（Hystrix 默认 5 秒 20 次）时，我们需要利用 Hystrix 组件打开熔断器。

Hystrix 提供了熔断、隔离、监控等功能，当一个或多个服务同时出现问题时，可以保证系统依然可用。

11.4.2　Spring Cloud Netflix Hystrix 的使用

在本书搭建框架的时候，读者就已经接触到了 Hystrix 组件，对于 Spring Cloud 微服务工程来说，会默认开启熔断器。我们在应用程序入口类中都加入了 @SpringCloudApplication 注解，该注解内部包含了 @EnableCircuitBreaker 注解，它的作用就是启用熔断器。因此，每个基于 Spring Cloud 的微服务工程都必须添加 spring-cloud-starter-netflix-hystrix 依赖。

下面我们就通过一个简单的例子感受一下 Hystrix 的魅力。

在 test 工程创建一个 TestHystrixCommand 类并编写以下代码：

```java
public class TestHystrixCommand extends HystrixCommand<String> {

    public TestHystrixCommand(String groupKey){
        super(HystrixCommandGroupKey.Factory.asKey(groupKey));
    }

    @Override
    protected String run() {
        //模拟 HTTP 请求成功
        return "请求成功！";
    }

    @Override
    protected String getFallback() {
        return "服务器异常！";
    }
}
```

在上述代码中，我们自定义的 TestHystrixCommand 类继承了 HystrixCommand 类并实现了 run 和 getFallback 方法。其中 HystrixCommand 就是 Hystrix 组件提供的用于调用服务（run）和处理异常（getFallback）的类。我们在 run 方法中直接返回了一个字符串，主要目的是模拟请求，在实际中，该方法体应该实现真正的 HTTP 网络请求，当服务调用超时或不可用时就会调用 getFallback 方法。

接下来编写控制器方法以调用 HystrixCommand 类，在 TestController 中增加以下代码：

```
@RequestMapping("testHystrix")
public String testHystrix (){
    TestHystrixCommand hystrixCommand = new TestHystrixCommand("test");
    return hystrixCommand.execute();
}
```

我们提供了一个接口并实例化 TestHystrixCommand 类，通过 execute 方法进行调用。当调用 hystrix 接口时，如果服务正常返回，则 Hystrix 不做任何处理，一旦服务不可用，Hystrix 就会开启熔断器，并进行异常处理，调用 getFallback 方法返回。

启动 test 工程，通过 postman 访问地址 http://localhost:9999/testHystrix，出现如图 11-2 所示的界面。

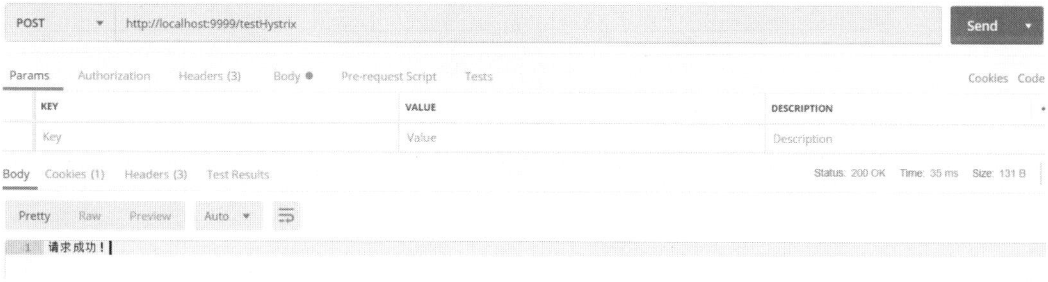

图 11-2　运行结果

这说明此时服务正常返回。我们将 run 方法改成以下代码：

```
try {
    //模拟 HTTP 请求超时
    Thread.sleep(10000);
}catch (Exception e){
    e.printStackTrace();
}
return "请求成功! ";
```

我们模拟了请求时间为 10 秒，再次访问上述地址，可以看到 postman 打印出了"服务器异常！"字样。说明，HystrixCommand 在请求服务时已然超时，因而调用了 getFallback 方法。

Hystrix 除了支持熔断，它还提供了监控功能，并提供了可视化的 Web 界面。在 common 工程加入以下依赖就可以访问其 Web 界面：

```
<dependency>
    <groupId>org.springframework.cloud</groupId>
```

```
<artifactId>spring-cloud-starter-netflix-hystrix-dashboard</artifactId>
</dependency>
```

要访问 Hystrix 的仪表盘，还需要在应用的入口类 Application 中添加 @EnableHystrixDashboard 注解。分别启动 register、config、test 工程，可以看到控制台已映射了 /hystrix 地址，如图 11-3 所示。

```
Mapped "{[/hystrix]}" onto public java.lang.String org.springframework.cloud.netflix.hystrix.dashboard.Hystrix
Mapped "{[/hystrix/{path}]}" onto public java.lang.String org.springframework.cloud.netflix.hystrix.dashboard.
```

图 11-3　控制台打印日志

图中的地址是 Hystrix 的仪表盘 Web 界面地址。在浏览器中输入地址 localhost:9999/hystrix，就会看到如图 11-4 所示的界面。

图 11-4　运行结果

该界面第一个文本框下有三排文字，我们得知，Hystrix Dashboard 有 3 种监控模式。

- **默认集群监控**：通过输入地址 http:turbine-hostname:port/turbine.stream 开启。
- **自定义集群监控**：通过输入地址 http:turbine-hostname:port/turbine.stream?cluster=[clusterName] 对指定的集群名进行监控。
- **单体应用监控**：通过输入地址 http://hystrix-app:port/hystrix.stream 开启，可以对某个具体的服务进行监控。

该界面还有两个参数信息，具体如下。

- Delay：控制服务器上轮询监控信息的延迟时间，默认为 2000 毫秒，可以通过配置该属性来降低客户端的网络和 CPU 消耗。

❏ Title：没有任何功能，只是可以自定义仪表盘展示的标题信息。

在文本框中输入 localhost:9999/hystrix.stream，正常情况下，按下 Enter 键后会出现以下图 11-5 所示的界面。

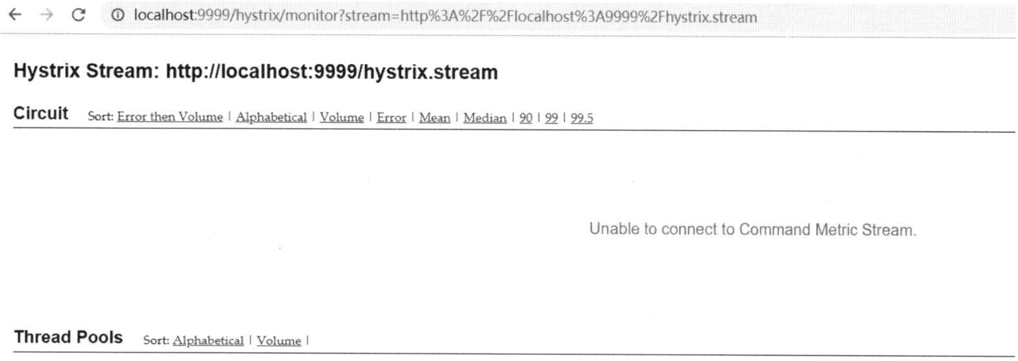

图 11-5　运行结果

因为在 Spring Boot 2.0 以后，Hystrix 默认不会加载 hystrix.stream 端点，需要通过编码形式添加 hystrix.stream 端点，代码如下：

```
@Bean
public ServletRegistrationBean getServlet(){
    HystrixMetricsStreamServlet streamServlet = new HystrixMetricsStreamServlet();
    ServletRegistrationBean registrationBean = new ServletRegistrationBean(streamServlet );
    registrationBean.setLoadOnStartup(1);
    registrationBean.addUrlMappings("/hystrix.stream");
    registrationBean.setName("HystrixMetricsStreamServlet");
    return registrationBean;
}
```

通过配置一个 Bean，该 Bean 返回 ServletRegistrationBean 对象，通过 addUrlMappings 方法将 hystrix.stream 端点添加到 URL 映射中，并指定 Servlet 名。如果将上述代码换为读者更加熟悉的 web.xml 的配置，读者应该会更加明白：

```
<servlet>
    <description></description>
    <display-name>HystrixMetricsStreamServlet</display-name>
    <servlet-name>HystrixMetricsStreamServlet</servlet-name>
<servlet-class>com.netflix.hystrix.contrib.metrics.eventstream.HystrixMetricsStreamServlet
</servlet-class>
</servlet>
```

```xml
<servlet-mapping>
    <servlet-name>HystrixMetricsStreamServlet</servlet-name>
<url-pattern>/hystrix.stream</url-pattern>
</servlet-mapping>
```

其实 Spring Boot 内部提供了 HystrixMetricsStreamServlet 类，该类的作用就是做 Hystrix 监控，因此需要定义该 Servlet 的 URL 端点，而 Spring Boot 框架没有 XML 配置文件，因此需要通过编码的形式增加 URL 端点。

重启 test 工程，继续上述操作，并访问前面集成了熔断器的接口地址 localhost:9999/testHystrix，可以看到图 11-6 所示的界面。

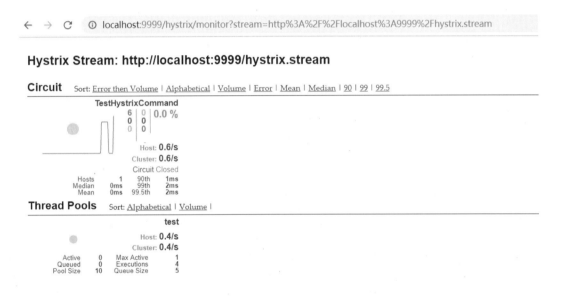

图 11-6 运行结果

我们多次调用上述接口，可以清晰地看到监控信息，TestHystrixCommand 表示当前请求得接口信息，包括响应时间、请求次数等；Thread Pools 表示当前请求线程池信息，包括队列总数、线程池大小等。

11.4.3 OpenFeign 集成 Hystrix 熔断器

读者对 Hystrix 有了大致的了解，就可以将其运用到 OpenFeign 中，提升系统的稳定性。接下来，我们就来集成 Hystrix。

(1) 11.3 节的代码中的 OpenFeign 默认自带熔断器，但它在 Spring Cloud 中是默认关闭的，我们可以在配置文件中开启它（可以写到公共的 eurekaclient.yml 中）：

```
#开启熔断器
feign:
  hystrix:
    enabled: true
```

(2) 新建 `TestServiceErrorFeign` 类并实现 `TestServiceFeign` 接口：

```
@Component
public class TestServiceErrorFeign implements TestServiceFeign {

    @Override
    public String test() {
        return "服务器异常！";
    }
}
```

由于 OpenFeign 是定义的接口，上述代码其实就是创建一个类并实现该接口对应的方法，这段代码的含义就是当服务无法正常调用或调用超时，打印"服务器异常！"字符串。

(3) 在 `TestServiceFeign` 的注解中指定 `fallback`，如：

```
@FeignClient(value = "test",fallback = TestServiceErrorFeign.class,configuration =
    MyFeignConfiguration.class)
```

只实现 `OpenFeign` 还不够，还需要通过 `fallback` 指定具体的实现类。

(4) 测试熔断器。

停止 test 工程，继续 11.2 节中的测试，可以看到浏览器打印出了"服务器异常！"字符串。

11.5 小结

本节介绍了 Spring Cloud Netflix Ribbon 和 Spring Cloud OpenFeign，通过两者的对比，推荐读者使用 OpenFeign，此组件也是在微服务应用中运用最广泛的组件之一。通过 OpenFeign，我们可以轻松实现服务间的通信，极大地降低系统的耦合性。通过 OpenFeign 的负载均衡，提升系统间调用的稳定性和并发数，利用其集成的熔断器，使应用的稳定性进一步提升。

第三部分
高级篇

第 12 章

服务链路追踪：Spring Cloud Sleuth

第三部分 高级篇

第 12 章 服务链路追踪：Spring Cloud Sleuth

我们知道，微服务之间通过网络进行通信，但在我们提供服务的同时，不能保证网络一定是畅通的。相反地，网络是很脆弱的，网络资源也有限，因此我们有必要追踪每个网络请求，了解它们经过了哪些微服务，延迟多少，每个请求所耗费的时间等。只有这样能更好地分析系统瓶颈，解决系统问题。

在 Spring Cloud 中，我们可以使用 Spring Cloud Sleuth 组件来实现微服务追踪。

12.1 Spring Cloud Sleuth 简介

我们知道，Spring Cloud 不重复造轮子，Spring Cloud Sleuth 也不例外，它集成了非常强大的跟踪系统——Zipkin。Zipkin 是 Twitter 开源的分布式跟踪系统，基于 Dapper 的论文设计而来。它的主要功能是收集系统的时序数据[①]，从而追踪微服务架构的系统延时。

在学习 Spring Cloud Sleuth 之前，我们先来认识一些基本术语。

- span（跨度）：基本工作单元。在一个新建的 span 中发送一个 RPC，相当于发送一个回应给 RPC。span 被一个唯一的 64 位 ID 标识，它还有其他数据信息，比如摘要、时间戳事件、关键值注释（tags）以及进度 ID（通常是 IP 地址）。span 在不断地启动和停止，同时记录了时间信息，当你创建了一个 span，你必须在未来的某个时刻停止它。
- trace（追踪）：一组共享 root span 的 span 组成的树状结构称为 trace。trace 也用一个 64 位的 ID 唯一标识，trace 中的所有 span 都共享该 trace 的 ID。
- annotation（标注）：用来实时记录一个事件的存在，一些核心 annotations 用来定义一个请求的开始和结束。
  - cs，即 client sent，客户端发起一个请求，描述 span 的开始。
  - sr，即 server received，服务端获得请求并准备开始处理它，sr 时间戳减去 cs 时间戳可以得到网络延迟。
  - ss，即 server sent，表示请求处理完成（即请求返回客户端），ss 时间戳减去 sr 时间戳可以得到服务端需要的处理请求时间。

[①] 时序数据就是基于时间序列的数据，常常表现为同一指标按时间序列记录的数据列。

- cr，即 client received，表明 span 的结束，客户端成功接收到服务端的回复，cr 时间戳减去 cs 时间戳可以得到客户端从服务端获取回复所需的时间。

图 12-1 演示了请求依次经过 SERVICE1→SERVICE2→SERVICE3→SERVICE4 时，span、trace、annotation 的变化。

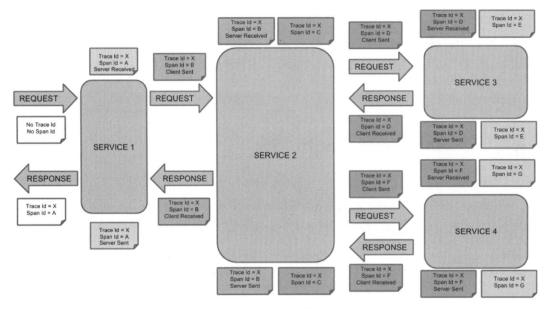

图 12-1　Sleuth 请求示例图

12.2　利用链路追踪监听网络请求

本节我们将在项目中集成 Spring Cloud Sleuth 来监听每个请求，从而更好地优化系统架构。我们知道，Spring Cloud Sleuth 底层其实是 Zipkin，而 Zipkin 分为服务端和客户端。如果服务端用户开启链路追踪服务，那么客户端在进行网络请求时就需要和 Zipkin 的服务端进行通信。

下面我们就来分别实现服务端和客户端。

12.2.1　服务端的实现

以前，我们需要自己实现 Zipkin 服务端，但从 Spring Boot 2.0 以后，官方推出了 Zipkin 服务端，我们只需要把下载好的服务端 jar 包放到服务器上启动即可。具体操作如下。

（1）从网络上下载 Zipkin 服务端的可执行 jar 包，下载地址：https://repo1.maven.org/maven2/io/zipkin/

java/zipkin-server/2.9.4/zipkin-server-2.9.4-exec.jar。

(2) 将 zipkin-server-2.9.4-exec.jar 修改为 zipkin.jar。

(3) 执行下面的命令进入 zipkin.jar 所在目录：

```
java -jar zipkin.jar
```

启动成功后，会出现如图 12-2 所示的界面。

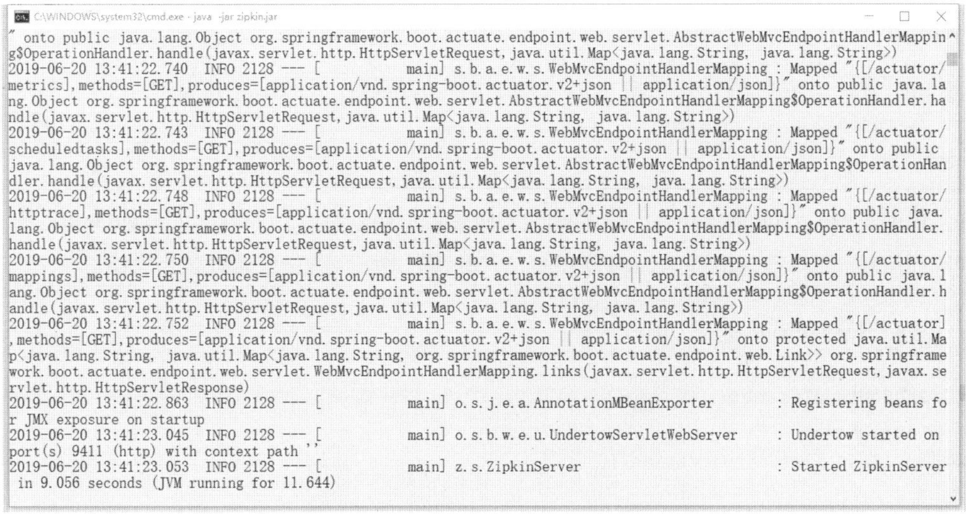

图 12-2　Zipkin Server 启动示例图

Zipkin 服务端的默认启动端口为 9411，浏览器访问 localhost:9411 即可进入 Zipkin 服务端管理界面，如图 12-3 所示。

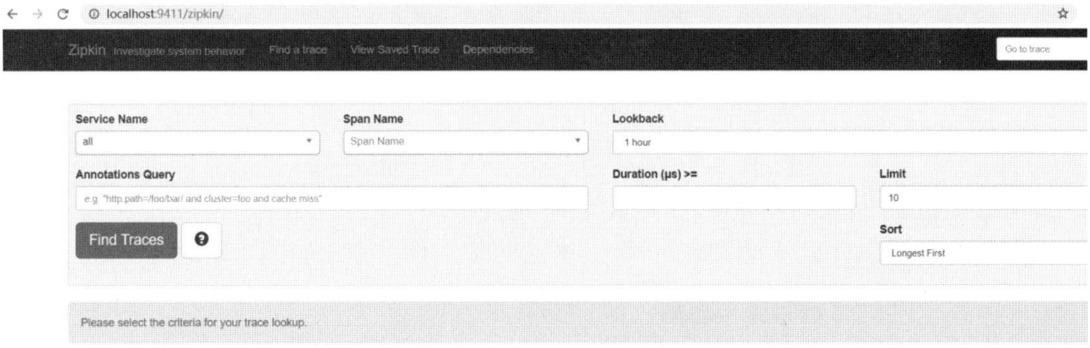

图 12-3　Zipkin 服务端管理界面

Spring Boot 官方推荐使用此方式。当然，读者也可以自己实现 Zipkin 服务端。接下来，将介绍如何实现自己的 Zipkin 服务端。

(1) 在 blog 父工程中创建一个 Module，命名为 zipkin，在 pom.xml 中添加以下依赖：

```xml
<dependency>
    <groupId>io.zipkin.java</groupId>
    <artifactId>zipkin-server</artifactId>
    <version>2.8.4</version>
</dependency>
<dependency>
    <groupId>io.zipkin.java</groupId>
    <artifactId>zipkin-autoconfigure-ui</artifactId>
    <version>2.8.4</version>
</dependency>
```

在上述配置中，`zipkin-server` 是 Zipkin 的服务端依赖，`zipkin-autoconfigure-ui` 是 Zipkin 的管理界面依赖。Zipkin 提供了 Web 管理界面，方便我们追踪查看，因此有必要依赖它。

(2) 创建工程启动类并加入 Zipkin 注解：

```java
@SpringBootApplication
@EnableZipkinServer
public class ZipkinApplication {

    public static void main(String[] args) {
        SpringApplication.run(ZipkinApplication.class,args);
    }
}
```

其中，`@EnableZipkinServer` 注解表示开启 Zipkin 服务端。

(3) 创建配置文件 application.yml：

```yaml
server:
    port: 9411
management:
    metrics:
        web:
            server:
                auto-time-requests: false
```

`auto-time-requests` 默认为 `true`，该配置的作用是标识 Spring MVC 或 WebFlux 处理的请求是否自

动计时，如果要使用计时器可以在每个接口方法处添加 @Timed 注解。需要注意的是，在 Spring Boot 2.0 以后，需要将 auto-time-requests 设置为 false，否则会抛出 java.lang.IllegalArgumentException 异常。

（4）运行 ZipkinApplication.jar，启动 Zipkin 服务端，通过浏览器访问 localhost:9411，依然可以看到图 12-3 所示的界面。

12.2.2　客户端集成 Spring Cloud Sleuth

单纯启动 Zipkin 服务端还达不到追踪的目的，我们还必须让微服务客户端集成 Zipkin 才能跟踪微服务。下面是集成 Spring Cloud Sleuth 的步骤。

（1）在 common 工程的 pom.xml 文件中添加以下依赖：

```xml
<dependency>
    <groupId>org.springframework.cloud</groupId>
    <artifactId>spring-cloud-sleuth-zipkin</artifactId>
</dependency>
```

（2）在 Git 仓库的配置文件 eurekaclient.yml 中添加以下内容：

```yaml
spring:
  zipkin:
    base-url: http://localhost:9411
    sender:
      type: web
  sleuth:
    sampler:
      probability : 1
```

其中，`spring.zipkin.base-url` 用来指定 Zipkin 服务端的地址；`spring.sleutch.sampler.probability` 用来指定采样请求的百分比（默认为 0.1，即 10%）；`spring.zipkin.sender.type` 为追踪日志发送类型，可选值有 web、kafka、rabbit，默认为空，因此必须进行设置，否则 Zipkin 不知道以何种类型发送日志，就无法正确追踪服务链路。

（3）依次启动注册中心、配置中心和 test 工程，浏览器访问 localhost:9999/test 和 localhost:9411，进入 Zipkin 界面后，可以看到 trace 列表，选择 Service Name 为 test 后点击 Find a trace 按钮，如图 12-4 所示。

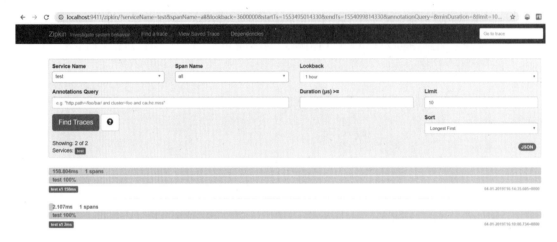

图 12-4　运行结果

注意这里 test 工程需要引入 eurekaclient.yml 配置文件。在上述界面中，Find Traces 按钮以上为搜索条件，Service Name 为服务名，当前只访问了 test，因此下拉框中只能看到 test 和 all，all 为查询所有服务；Span Name 为基本工作单元名，顾名思义为具体请求名，一个请求就是一个 span；Lookback 为记录时间；Annotations Query 为自定义的查询条件，可以对标签进行查询，多个用 and 隔开；Duration 为服务调用时间，查询大于等于该时间的服务，单位是微秒（需要注意的是，下方的服务请求日志列表中以毫秒为单位，所以在筛选条件时需要进行一次转换，否则无法查询出正确的数据）；Limit 为显示数量，默认为 10；Sort 为排序规则。

Find Traces 按钮下方，Showing 表示当前请求数量，Services 为当前选择的服务名，点击右边的 JSON 可以看到当前请求的 JSON 结构；下方列表展示了当前的请求情况，包括请求总耗时（单位为毫秒）、调用的时间、span 的数量、请求耗时占比等。

在实际项目中，读者可以根据 Zipkin 统计的这些信息发现速度较慢的请求或查询，从而有针对性地对指定请求进行优化。

12.3　通过消息中间件实现链路追踪

上一节，我们集成了服务链路追踪组件 Zipkin，客户端通过指定 Zipkin 提供的 HTTP 地址即可完成日志收集。我们知道，客户端可以通过 `spring.zipkin.sender.type` 指定发送类型，除了指定为 web 类型还可以通过消息中间件来收集日志。

本节将利用消息中间件 RabbitMQ 来完成服务链路追踪日志的收集。

(1) 命令行启动官网提供的 zipkin.jar，注意，启动时需要指定 RabbitMQ 的 host 地址，如：

```
java -jar zipkin.jar  --RABBIT_ADDRESSES=127.0.0.1
```

其中，`--RABBIT_ADDRESSES` 即为 RabbitMQ 的 host 地址。

启动完成后，我们访问 RabbitMQ 的 Web 管理界面，可以看到，Zipkin Server 已经为我们创建了一个名叫 zipkin 的队列，如图 12-5 所示。

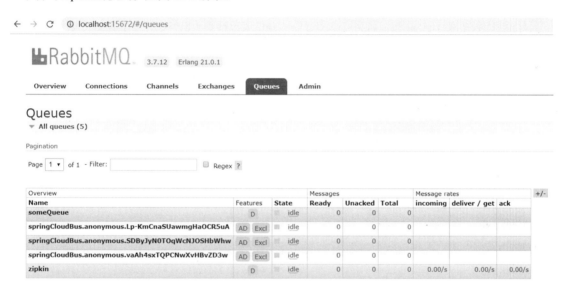

图 12-5　RabbitMQ 运行界面

(2) 在 common 工程下增加以下依赖：

```xml
<dependency>
    <groupId>org.springframework.cloud</groupId>
    <artifactId>spring-cloud-stream-binder-rabbit</artifactId>
</dependency>
```

该依赖实现了消息队列的收发机制，添加该依赖后，客户端就可以通过 RabbitMQ 发送消息，Zipkin Server 就可以通过 RabbitMQ 收集日志。

(3) 将 eurekaclient.xml 的 `spring.zipkin.base-url` 注释掉并重启 test 工程，分别访问 test 工程接口和 Zipkin 的 Web 界面，正常情况下读者可以看到与图 12-4 类似的效果。

12.4 存储追踪数据

在前面的操作中，不管是基于 Web 还是基于消息中间件，收集的日志都默认存放在内存中，即 Zipkin Server 重启后，追踪的链路数据将被清除，这不符合我们的期望。比较合理的做法是将数据持久化，比如持久化到 MySQL、MongoDB、ElasticSearch、Cassandra 等数据库中。

下面以 MySQL 为例，演示如何将追踪数据存储到数据库中。

(1) 创建数据库 zipkin_db（名字可以随意取）并生成数据表（MySQL 的详细安装过程请查看第 14 章，Zipkin Server 官方推荐使用 MariaDB）：

```sql
CREATE TABLE IF NOT EXISTS zipkin_spans (
    `trace_id_high` BIGINT NOT NULL DEFAULT 0 COMMENT 'If non zero, this means the trace uses
        128 bit traceIds instead of 64 bit',
    `trace_id` BIGINT NOT NULL,
    `id` BIGINT NOT NULL,
    `name` VARCHAR(255) NOT NULL,
    `parent_id` BIGINT,
    `debug` BIT(1),
    `start_ts` BIGINT COMMENT 'Span.timestamp(): epoch micros used for endTs query and to
        implement TTL',
    `duration` BIGINT COMMENT 'Span.duration(): micros used for minDuration and maxDuration query'
    ) ENGINE=InnoDB ROW_FORMAT=COMPRESSED CHARACTER SET=utf8 COLLATE utf8_general_ci;

ALTER TABLE zipkin_spans ADD UNIQUE KEY(`trace_id_high`, `trace_id`, `id`) COMMENT 'ignore
    insert on duplicate';
ALTER TABLE zipkin_spans ADD INDEX(`trace_id_high`, `trace_id`, `id`) COMMENT 'for joining
    with zipkin_annotations';
ALTER TABLE zipkin_spans ADD INDEX(`trace_id_high`, `trace_id`) COMMENT 'for getTracesByIds';
ALTER TABLE zipkin_spans ADD INDEX(`name`) COMMENT 'for getTraces and getSpanNames';
ALTER TABLE zipkin_spans ADD INDEX(`start_ts`) COMMENT 'for getTraces ordering and range';

CREATE TABLE IF NOT EXISTS zipkin_annotations (
    `trace_id_high` BIGINT NOT NULL DEFAULT 0 COMMENT 'If non zero, this means the trace uses
        128 bit traceIds instead of 64 bit',
    `trace_id` BIGINT NOT NULL COMMENT 'coincides with zipkin_spans.trace_id',
    `span_id` BIGINT NOT NULL COMMENT 'coincides with zipkin_spans.id',
    `a_key` VARCHAR(255) NOT NULL COMMENT 'BinaryAnnotation.key or Annotation.value if type == -1',
    `a_value` BLOB COMMENT 'BinaryAnnotation.value(), which must be smaller than 64KB',
    `a_type` INT NOT NULL COMMENT 'BinaryAnnotation.type() or -1 if Annotation',
    `a_timestamp` BIGINT COMMENT 'Used to implement TTL; Annotation.timestamp or zipkin_spans.
        timestamp',
    `endpoint_ipv4` INT COMMENT 'Null when Binary/Annotation.endpoint is null',
```

```
    `endpoint_ipv6` BINARY(16) COMMENT 'Null when Binary/Annotation.endpoint is null, or no
        IPv6 address',
    `endpoint_port` SMALLINT COMMENT 'Null when Binary/Annotation.endpoint is null',
    `endpoint_service_name` VARCHAR(255) COMMENT 'Null when Binary/Annotation.endpoint is null'
        ) ENGINE=InnoDB ROW_FORMAT=COMPRESSED CHARACTER SET=utf8 COLLATE utf8_general_ci;

ALTER TABLE zipkin_annotations ADD UNIQUE KEY(`trace_id_high`, `trace_id`, `span_id`, `a_key`,
    `a_timestamp`) COMMENT 'Ignore insert on duplicate';
ALTER TABLE zipkin_annotations ADD INDEX(`trace_id_high`, `trace_id`, `span_id`) COMMENT 'for
    joining with zipkin_spans';
ALTER TABLE zipkin_annotations ADD INDEX(`trace_id_high`, `trace_id`) COMMENT 'for getTraces/
    ByIds';
ALTER TABLE zipkin_annotations ADD INDEX(`endpoint_service_name`) COMMENT 'for getTraces and
    getServiceNames';
ALTER TABLE zipkin_annotations ADD INDEX(`a_type`) COMMENT 'for getTraces';
ALTER TABLE zipkin_annotations ADD INDEX(`a_key`) COMMENT 'for getTraces';

CREATE TABLE IF NOT EXISTS zipkin_dependencies (
    `day` DATE NOT NULL,
    `parent` VARCHAR(255) NOT NULL,
    `child` VARCHAR(255) NOT NULL,
    `call_count` BIGINT
) ENGINE=InnoDB ROW_FORMAT=COMPRESSED CHARACTER SET=utf8 COLLATE utf8_general_ci;

ALTER TABLE zipkin_dependencies ADD UNIQUE KEY(`day`, `parent`, `child`);
```

(2) 重新启动 zipkin.jar，这次启动需要指定数据库连接信息，如：

```
java -jar zipkin.jar --RABBIT_ADDRESSES=127.0.0.1 --MYSQL_HOST=127.0.0.1
--MYSQL_TCP_PORT=3306 --MYSQL_USER=root --MYSQL_PASS=1qaz2wsx --MYSQL_DB=zipkin_db
--STORAGE_TYPE=mysql
```

其中 --MYSQL_HOST 为数据库连接 host，默认为 localhost；--MYSQL_TCP_PORT 为数据库端口，默认为 3306；--MYSQL_USER 为数据库登录名；--MYSQL_PASS 为数据库密码；--MYSQL_DB 为数据库名，默认为 zipkin；--STORAGE_TYPE 为存储类型，默认为 mem，即存储到内存中，可选值有 mem、cassandra、cassandra3、elasticsearch、mysql，这里设置为 mysql。

注意：如果启动失败，可能的原因有以下两点。
- 数据库无法连接；
- MySQL 版本过高（大于等于 8.0），请降低版本，如果使用 MariaDB，则最好安装官网最新版本。

(3) 重启 test 工程，可以看到数据库已经存储了追踪数据，如图 12-6 所示。

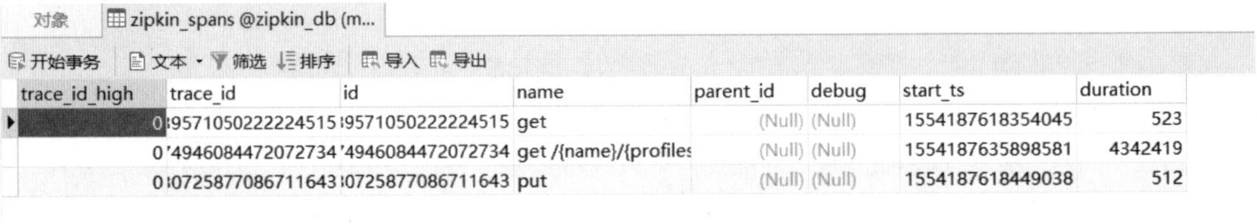

trace_id_high	trace_id	id	name	parent_id	debug	start_ts	duration
0	9571050222224515	9571050222224515	get	(Null)	(Null)	1554187618354045	523
0	4946084472072734	4946084472072734	get /{name}/{profiles	(Null)	(Null)	1554187635898581	4342419
0	0725877086711643	0725877086711643	put	(Null)	(Null)	1554187618449038	512

图 12-6　MySQL 数据

且重启 Zipkin Server 后，也能通过 localhost:9411 查询到追踪数据。

12.5　小结

随着业务越来越复杂，一个看似简单的应用，它的后台可能有几十个甚至几百个服务在支撑。一个请求可能需要多次调用服务才能完成，当请求速度变慢或者不可用时，我们无法得知是哪个服务引起的，这时就需要快速定位服务故障点，Zipkin 很好地解决了这个问题。

通过本章的学习，读者可以了解到如何实现微服务的链路追踪，并且将追踪数据存储到硬盘中，以便离线分析数据，为快速定位服务故障点提供支持。

第三部分 高级篇

第 13 章

服务治理：Spring Cloud Consul 和 Spring Cloud ZooKeeper

第三部分 高级篇

第 13 章 服务治理：Spring Cloud Consul 和 Spring Cloud ZooKeeper

在前面的章节中，读者已经接触到了 Spring Cloud 默认集成的服务治理框架 Spring Cloud Netflix Eureka。在本章，我们将接触到新的服务治理框架，以便读者在实际应用中有多种选择。

13.1 服务治理简介

服务治理是微服务架构的核心思想，用于实现各微服务实例的发现与注册。我们常说的服务的注册与发现其实分为两部分：

- 服务注册：在一个微服务架构中，通常会提供一个注册中心，每一个微服务实例都会注册到注册中心。
- 服务发现：在服务通信中，每个微服务实例都通过注册中心发现其他微服务实例，通过向注册中心拉取其他微服务实例的信息（包括 host、端口等），实现服务间的相互访问。

在 Spring Cloud 大家庭中，除了 Eureka，我们还可以使用 Spring Cloud Consul 和 Spring Cloud ZooKeeper 来实现服务治理。接下来，我将分别对其进行介绍。

13.2 Spring Cloud Consul 的使用

Spring Cloud Consul 是一个服务发现与配置管理工具，它是一款分布式、高可用、扩展性极强的框架。

Spring Cloud Consul 提供了以下功能。

- 服务发现：Consul 通过 DNS 或 HTTP 接口使注册自己和发现其他服务变得简单，它也支持注册外部服务，如 SaaS 提供商。
- 健康检查：健康检查可以使 Consul 快速通知操作者集群中发现的问题，与服务发现的集成可以防止将通信路由到不健康的主机，并启用服务级别的断路器。

- **Key-Value 存储**：灵活的 Key-Value 存储允许存储动态配置、功能标记、协调、领导人选择等，简单的 HTTP API 使它在任何地方都能很容易地被使用。
- **多数据中心**：Consul 是为数据中心而构建的，可以支持任意数量的区域，而不需要复杂的配置。
- **服务细分**：Consul Connect 允许使用自动 TLS 加密和基于身份的授权进行安全的服务到服务通信。

本节中，将详细介绍 Consul 的集成。

13.2.1　Consul 的安装与部署

Consul 的安装比较简单，从官网 https://www.consul.io/downloads.html 下载对应操作系统版本即可，它是一个 ZIP 格式的压缩包。下载完成后，解压该压缩包，你将获得一个可执行文件 consul.exe，打开 cmd 命令行，进入 consul.exe 所在目录，执行以下命令：

```
consul agent -dev
```

可以启动 consul，如图 13-1 所示。

```
C:\Downloads>consul agent -dev
==> Starting Consul agent...
==> Consul agent running!
           Version: 'v1.4.4'
           Node ID: '40405897-594f-9697-80d3-99f09de18a2c'
         Node name: 'LAPTOP-LUELIJI1'
        Datacenter: 'dc1' (Segment: '<all>')
            Server: true (Bootstrap: false)
       Client Addr: [127.0.0.1] (HTTP: 8500, HTTPS: -1, gRPC: 8502, DNS: 8600)
      Cluster Addr: 127.0.0.1 (LAN: 8301, WAN: 8302)
           Encrypt: Gossip: false, TLS-Outgoing: false, TLS-Incoming: false

==> Log data will now stream in as it occurs:
```

图 13-1　consul 启动界面

图中命令 agent 为启动一个 consul 代理，可通过 consul agent -h 查看 agent 命令的所有参数含义，表 13-1 列举了其包含的部分参数列表：

表 13-1　consul 参数列表

参　数　名	描　述
-advertise	设置要使用的展现地址
-advertise-wan	在 WAN 上设置一个展现地址来代替 -advertise address
-allow-write-http-from	仅允许从网络上写入端点
-bind	设置一个集群环境内部通信地址
-bootstrap	设置服务引导模式

（续）

参 数 名	描 述
-bootstrap-expect	设置一个服务期望的引导模式
-client	设置一个地址用于绑定客户端地址，该地址可以是 RPC、DNS、HTTP、HTTPS 和 gRPC（如果已配置）
-config-dir	指定配置存放目录，读取配置时会读取.json 结尾的文件，会按照字母排序读取配置，允许指定多个配置文件
-config-file	指定一个 JSON 格式的文件为配置文件，允许指定多个文件
-config-format	指定配置文件的格式，只能是 HCL 和 JSON
-data-dir	指定数据存放目录
-dev	以开发模式启动一个 consul 代理
-disable-host-node-id	设置为 true，将无法通过 host 或使用的信息生成 node ID[①]，也就是 consul 会生成一个随机的 node ID
-disable-keyring-file	禁止备份 keyring[②] 到一个文件
-dns-port	使用 DNS 端口
-domain	通过 DNS 接口使用域名
-enable-local-script-checks	从本地配置文件中启用健康检查脚本
-enable-script-checks	启用健康检查脚本
-encrypt	提供 gossip[③] 的加密密钥
-grpc-port	设置 gRPC 的 API 监听端口

启动完成后，浏览器访问 localhost:8500，可以看到图 13-2 所示的界面。

图 13-2　consul 界面

[①] 用于标识节点的唯一 ID。
[②] keyring 指密钥链，即一串用于加密的密钥。
[③] gossip 是一个最终一致性算法，虽然无法保证所有节点瞬时状态一致，但可以保证在"最终"所有节点一致。

13.2.2 Spring Cloud 集成 Consul

Consul 和 Eureka 不同，Eureka 需要我们自己实现注册中心，而 Consul 本身就是一个注册中心，上节启动的 consul agent 就是一个注册中心，因此，我们只需要在客户端集成 Consul 即可。

(1) 新建一个工程，命名为 spring-cloud-consul，在 pom.xml 新增以下依赖：

```xml
<dependency>
    <groupId>org.springframework.cloud</groupId>
    <artifactId>spring-cloud-starter-consul-discovery</artifactId>
</dependency>
<dependency>
    <groupId>org.springframework.cloud</groupId>
    <artifactId>spring-cloud-starter-netflix-hystrix</artifactId>
</dependency>
<dependency>
    <groupId>org.springframework.boot</groupId>
    <artifactId>spring-boot-starter-actuator</artifactId>
</dependency>
<dependency>
    <groupId>org.springframework.boot</groupId>
    <artifactId>spring-boot-starter-web</artifactId>
</dependency>
```

其中，spring-cloud-starter-consul-discovery 为 Spring Cloud Consul 的服务发现模块。由于这个工程也会进行健康检查，所以也需要引入 actuator 模块，而 spring-boot-starter-web 模块必须引入，否则可能无法启动工程。

(2) 新增配置文件 application.yml，并编写以下内容：

```yaml
spring:
  application:
    name: consul-client
  cloud:
    consul:
      host: 127.0.0.1
      port: 8500
      discovery:
        serviceName: ${spring.application.name}
        healthCheckPath: /actuator/health
        healthCheckInterval: 5s
        instanceId: ${spring.application.name}:${vcap.application.instance_id:
          ${spring.application.instance_id:${random.value}}}
server:
  port: 8080
```

在上述配置中，spring.cloud.consul 就是 Consul 的基本配置，其中，host 和 port 指定 Consul 注册中心的 IP 和端口，即 13.2.1 节浏览器访问的地址；serviceName 为客户端服务名；healthCheckPath 为健康检查地址，本示例采用的是 Actuator，因此指定为 /actuator/health 端点；healthCheckInterval 为健康检查间隔时间，本示例为 5 秒，即每隔 5 秒会调用健康检查端点；instanceId 为实例服务，它是唯一的，服务发现都是通过 instanceId 来进行的。

（3）新建启动类（该类和前面介绍的启动类代码一致，此处略）。

（4）启动工程并访问 localhost:8500，可以看到客户端被注册到 Consul 了，且每隔 5 秒会进行一次健康检查，如图 13-3 所示。

图 13-3　consul 界面

13.3　Spring Cloud ZooKeeper 的使用

ZooKeeper 是一个分布式的应用程序协调服务，是 Apache Hadoop 的一个子项目，最初主要是用于提供 Hadoop 和 HBase 的调度服务，能够解决 Hadoop 中统一命名、配置维护、同步服务等问题。

在微服务流行以后，ZooKeeper 开始被人们重视，大家发现通过 ZooKeeper 也可以解决微服务中的服务治理问题。在比较流行的微服务框架中，Dubbo 和 Spring Cloud 都可以用 ZooKeepr 作为服务治理框架，尤其是 Dubbo，一般都是通过 ZooKeeper 实现服务治理的。

13.3.1 ZooKeeper 的安装和部署

ZooKeeper 的安装和部署也比较简单，首先从官网 https://www.eu.apache.org/dist/zookeeper/stable/ 中下载 ZooKeeper 的稳定版，然后解压进入 ZooKeeper 根目录的 conf 文件夹，可以看到一个名叫 zoo_sample.cfg 的文件，将其命名为 zoo.cfg 并返回上一级目录，最后进入 bin 文件夹，双击 zkServer.cmd 文件，就可启动 ZooKeeper。

ZooKeeper 的默认启动端口为 2181，我们可以通过修改 zoo.cfg 来修改启动端口，在 zoo.cfg 修改下面配置即可：

```
clientPort=2182
```

当然，除了修改默认端口外，我们还可以其他参数，表 13-2 列举了 ZooKeeper 的主要参数配置。

13-2 ZooKeeper 参数说明

配 置 名	说 明
tickTime	以毫秒为单位，用于心跳发送间隔时间，最小会话过期时间是其两倍
dataDir	指定本地数据存储目录
clientPort	服务端启动端口
initLimit	在初始连接时，集群中的服务器之间能接受的最大心跳数（tickTime 的数量）
syncLimit	集群中的服务器之间在请求和应答时能接受的最多心跳数（tickTime 的数量）
maxClientCnxnS	客户端最大连接数

13.3.2 Spring Cloud 集成 ZooKeeper

Spring Cloud 集成 ZooKeeper 的步骤如下。

(1) 新建一个项目，命名为 spring-cloud-zookeeper，在其 pom.xml 文件中添加如下代码：

```xml
<parent>
    <groupId>org.springframework.boot</groupId>
    <artifactId>spring-boot-starter-parent</artifactId>
    <version>2.0.3.RELEASE</version>
     <relativePath/>
</parent>
<properties>
    <project.build.sourceEncoding>UTF-8</project.build.sourceEncoding>
    <project.reporting.outputEncoding>UTF-8</project.reporting.outputEncoding>
    <java.version>1.8</java.version>
```

```xml
            <lombok.version>1.18.0</lombok.version>
    </properties>
    <dependencyManagement>
        <dependencies>
            <dependency>
                <groupId>org.springframework.cloud</groupId>
                <artifactId>spring-cloud-dependencies</artifactId>
                <version>Finchley.RELEASE</version>
                <type>pom</type>
                <scope>import</scope>
            </dependency>
        </dependencies>
    </dependencyManagement>
    <dependencies>
        <dependency>
        <groupId>org.springframework.cloud</groupId>
        <artifactId>spring-cloud-starter-zookeeper-all</artifactId>
        <exclusions>
            <exclusion>
                <groupId>org.apache.zookeeper</groupId>
                <artifactId>zookeeper</artifactId>
            </exclusion>
        </exclusions>
    </dependency>
        <dependency>
            <groupId>org.apache.zookeeper</groupId>
            <artifactId>zookeeper</artifactId>
            <version>3.4.12</version>
            <exclusions>
                <exclusion>
                    <groupId>org.slf4j</groupId>
                    <artifactId>slf4j-log4j12</artifactId>
                </exclusion>
            </exclusions>
        </dependency>
        <dependency>
            <groupId>org.springframework.cloud</groupId>
            <artifactId>spring-cloud-starter-netflix-hystrix</artifactId>
        </dependency>
        <dependency>
            <groupId>org.springframework.boot</groupId>
            <artifactId>spring-boot-starter-web</artifactId>
        </dependency>
    </dependencies>
```

其中，`spring-cloud-starter-zookeeper-all` 为 ZooKeeper 服务的注册与发现依赖，我们可以发现，其内部通过 `<exclusions>` 标签将 ZooKeeper 依赖包去掉，在后面又通过 `<dependency>` 标签添加 ZooKeeper 依赖。看似有点矛盾，其实不然，Spring Cloud 官方默认依赖的 ZooKeeper 版本是 3.5.x，该版本目前为 beta[①]版本，而 3.4.x 版本为稳定版，可以用于生产环境，因此我们需要手动添加 3.4.x 版本的 ZooKeeper。

(2) 创建应用入口类并编写启动代码。（具体代码可以参照前面 Application 类，本节不再列出。）

(3) 新建配置文件 application.yml 并编写以下代码：

```yaml
spring:
  cloud:
    zookeeper:
      connect-string: localhost:2181
```

`connect-string` 指定了 ZooKeeper 的服务端端口，默认值为 `localhost:2181`。

(4) 启动应用程序，可以看到当前工程已注册到 ZooKeeper，如图 13-4 所示。

```
Initiating client connection, connectString=localhost:2181 sessionTimeout=60000 watcher=org.apache.curator.ConnectionState@2dc995f4
Opening socket connection to server 0:0:0:0:0:0:0:1/0:0:0:0:0:0:0:1:2181. Will not attempt to authenticate using SASL (unknown error)
Socket connection established to 0:0:0:0:0:0:0:1/0:0:0:0:0:0:0:1:2181, initiating session
Default schema
Session establishment complete on server 0:0:0:0:0:0:0:1/0:0:0:0:0:0:0:1:2181, sessionid = 0x16b736a0c3e0000, negotiated timeout = 40000
State change: CONNECTED
```

图 13-4　工程启动控制台界面内

13.4　小结

Spring Cloud 默认服务治理框架为 Netflix 的 Eureka 框架，但它不是唯一的选择，Spring Cloud 还集成了 Consul 和 ZooKeeper 供读者选择。

本章分别介绍了 Spring Cloud Consul 和 Spring Cloud ZooKeeper 的安装部署和集成，从多元化思想出发，使读者在实际开发中有了更多的选择。本章简要介绍了两个服务治理框架的注册与发现、健康检查等。和 Eureka 一样，它们也有许多特性，由于篇幅原因，没有一一介绍，其原理和 Eureka 一致，在深入了解后，读者完全可以在此基础上进一步优化架构。

---

① beta 版本通常指一个产品的非正式版本，也是不稳定版本。

第四部分
部署篇

第 14 章

系统发布上线

第四部分 部署篇

第 14 章 系统发布上线

通过前几章的学习,我们顺利完成了应用的开发,仅仅完成框架搭建和功能开发是不够的,我们还需要将应用发布到服务器上供客户端访问。本章中,我们将开始详解应用的发布。

14.1 发布前准备

在发布应用前,我们需要进行发布前的准备工作,比如服务器、常用软件的安装和数据库的创建等。

14.1.1 虚拟机的安装

在发布应用之前,我们需要先准备服务器,本书采用 Linux 系统作为服务器的操作系统。下面演示了如何在本地安装 Linux 虚拟机。

(1) 安装 VMware(下载地址: https://www.vmware.com/)。

(2) 下载 Linux 操作系统 CentOS,其下载地址为 http://isoredirect.centos.org/centos/7/isos/x8664/CentOS-7-x8664-Minimal-1810.iso。

(3) 打开 VMware,点击"创建新的虚拟机"并将 CentOS 安装到 VMware。

(4) 创建完成后,进入 CentOS 安装界面,稍等片刻,你将看到如图 14-1 所示的界面。

图 14-1 安装界面

点击"继续"后选择"安装位置",如图 14-2 所示。

图 14-2　安装界面

然后开始设置安装分区,如图 14-3 所示。

图 14-3　安装界面

选中"本地标准磁盘",点击"完成"按钮,回到安装界面,然后点击开始安装,CentOS 开始安装,如图 14-4 所示。

图 14-4　安装界面

系统在默认情况下没有设置密码,点击"ROOT 密码",设置你的 ROOT 密码。稍等片刻,系统安装完成,重启虚拟机后即可开始你的 Linux 之旅。

如果安装好虚拟机后,网络没有连接成功,可以按照以下方式配置。

(1) 将网卡设置为桥接模式(Bridged Adapter)并重启虚拟机。

(2) 登录虚拟机。

(3) 执行命令 `vi /etc/sysconfig/network`,添加内容:`NETWORKING=yes`。

(4) 执行命令 `vi /etc/sysconfig/network-scripts//ifcfg-enp0s3`(enp0s3 为网卡名字,读者的计算机可能不一致),将 `ONBOOT` 设置为 `yes`。

(5) 重启网卡:`service network restart`。(如果提示启动失败,可以尝试切换成 NAT 模式。)

(6) 执行命令 `ifconfig` 可以查看 IP。若提示 `ifconfig` 命令没有找到,则需要执行 `yum install net-tools -y` 来安装该命令。

(7) 再次执行命令 ifconfig 即可看到内网 IP，然后执行 ping www.baidu.com 来判断是否有网络。

14.1.2 Linux 常用命令

本书的应用发布基于 Linux 操作系统，因此有必要简单介绍一下常用的 Linux 命令，对 Linux 命令很熟悉的读者可以略过。

- cd：change directory 的简写，用于改变目录，如 cd /usr。
- ls：list 的简写，用于显示当前目录所有的子目录和文件。
- ll：展示子目录和文件的详细信息。
- cp：copy 的简写，用于复制文件，如 cp a.txt /root/.。
- scp：远程复制文件。
- mv：move 的简写，用于移动或重命名文件，如 mv a.txt b.txt 用于将 a.txt 重命名为 b.txt。
- ps：process status 的简写，用于查看进程，如 ps -ef。
- pwd：print working directory 的简写，用于打印工作目录。
- yum install：从 yum 源下载并安装软件，如 yum install java。
- rpm -ivh：安装 RMP 格式的文件，如 rpm -ivh java.rpm。
- vi：编辑文件，如 vi a.txt。Linux 操作系统默认为命令模式，按下键盘上的字母 I 能够进入编辑模式，按下 Esc 键可以回到命令模式。在命令模式下，输入命令就能执行相应操作，常用的操作有 wq（保存并退出）、dd（删除整行）、x（删除光标指向的字符）、/字符（查找指定字符）。

14.1.3 安装常用软件

本节将安装系统发布所需的常用软件。前面已经介绍了 Linux 软件的安装，本节将利用这些命令来安装常用软件。

1. ifconfig

CentOS mini 版本是没有安装 ifconfig 命令的，我们需要先安装它，输入以下命令即可完成安装：

```
yum install -y net-tools
```

上面 -y 的作用是无须提示，否则 yum 会让你再次确认是否安装。安装完成后，输入 ifconfig 可以查看本机的 IP 地址等信息，如图 14-5 所示。

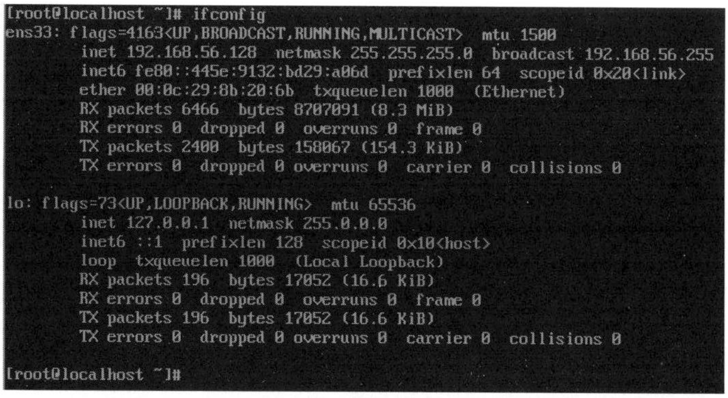

图 14-5　查看 IP 地址

2. Java

Spring Cloud 是 Java 开发的一套微服务框架，因此在部署应用之前，必须安装 Java 运行环境。Java 的安装很简单，只需要输入命令：

```
yum install -y java
```

就可以从 yum 源安装最新 Java，目前版本是 Java 1.8。

执行命令：

```
java -version
```

可以查看当前 Java 环境的版本，如图 14-6 所示。

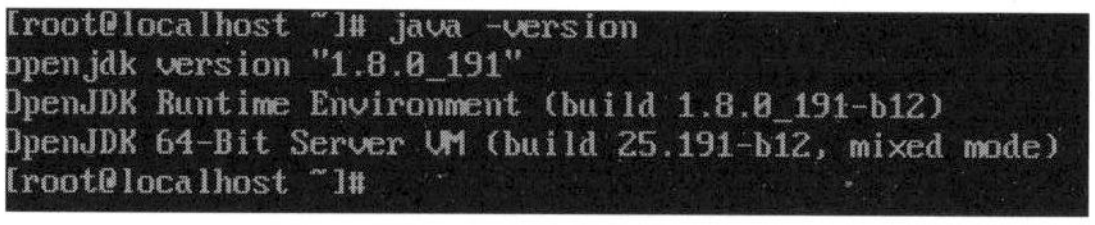

图 14-6　查看 Java 版本

3. Nginx

Nginx 作为反向代理容器，已经成为了服务器部署必不可少的工具，因此，我们也需要大致了解 Nginx 的安装和部署，以便后面利用 Nginx 进行反向代理。

由于 CentOS 默认没有 Nginx 的 yum 源，我们首先需要安装它：

```
rpm -ivh http://nginx.org/packages/centos/7/noarch/RPMS/nginx-release-centos-7-0.el7.ngx.
    noarch.rpm
```

安装完成后，查看 Nginx 是否存在，如图 14-7 所示。

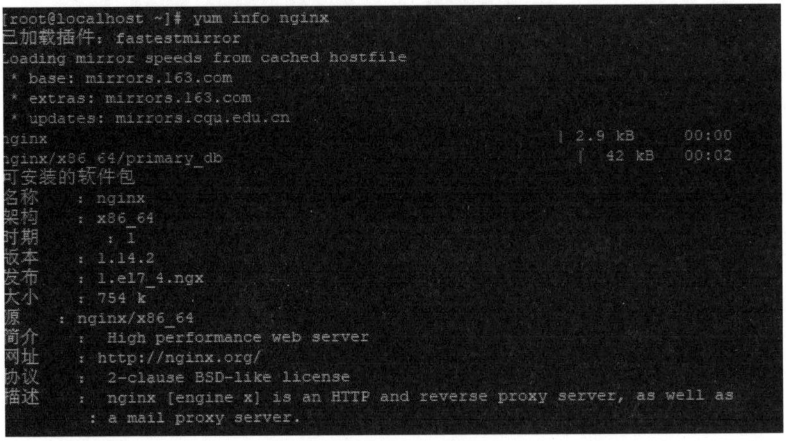

图 14-7　Nginx 安装示例

接着开始安装 Nginx，输入命令：

```
yum install -y nginx
```

然后启动 Nginx：

```
/sbin/nginx
```

在浏览器中输入虚拟机 IP，可以看到如图 14-8 所示的界面。

图 14-8　Nginx 默认界面

如果无法访问，可以输入命令 `systemctl stop firewalld` 关闭防火墙，并再次尝试访问。

4. Redis

Redis 作为内存数据库，有着得天独厚的优势，本书中主要用于存储用户的 token 信息。当然，它也可以缓存一些经常使用又不经常发生变化的数据。

对于 Redis 的安装，我们可以采用源码编译安装，具体步骤如下。

(1) 在官网下载源码：

```
wget http://download.redis.io/releases/redis-5.0.3.tar.gz
```

其中 wget 是 Linux 的一个命令，用于访问网络，并下载对应的文件。如果提示未找到命令，则通过命令 yum install wget -y 安装 wget。

(2) 解压缩文件：

```
tar -zxvf redis-5.0.3.tar.gz
```

其中 tar 命令是操作 TAR 格式压缩文件的命令，可以压缩和解压缩文件、文件夹。

(3) 进入 Redis 目录：

```
cd redis-5.0.3
```

(4) 编译并安装 Redis：

```
make
```

如果提示 gcc 命令未找到，则需要先安装 gcc，此时执行命令 yum install gcc gcc++ -y 即可。

(5) 修改 redis.conf 文件，将 daemonize no 改为 daemonize yes，这样可以让 Redis 开启守护进程（即后台运行进程），否则启动后按 Ctrl+C 组合键会自动退出进程。

(6) 启动 Redis：

```
cd src
./redis-server ../redis.conf
```

执行完成后，如果出现如图 14-9 所示的信息，则说明 Redis 启动成功。

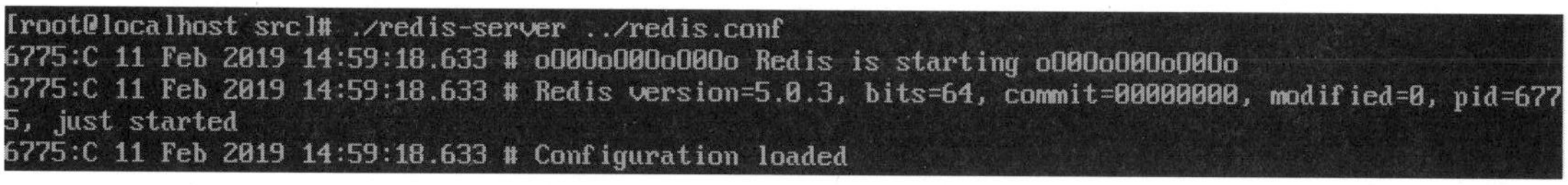

```
[root@localhost src]# ./redis-server ../redis.conf
6775:C 11 Feb 2019 14:59:18.633 # oO0oO0o0OoO Redis is starting oO0oO0o0OoO
6775:C 11 Feb 2019 14:59:18.633 # Redis version=5.0.3, bits=64, commit=00000000, modified=0, pid=6775, just started
6775:C 11 Feb 2019 14:59:18.633 # Configuration loaded
```

图 14-9　Redis 启动成功界面

我们可以启动 Redis 客户端，测试 Redis 是否正常，如图 14-10 所示。

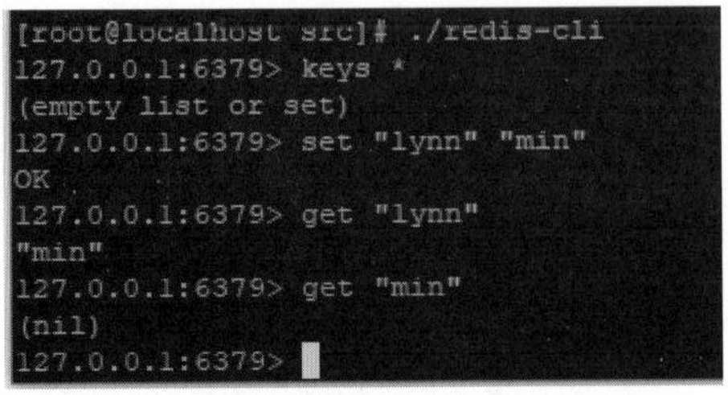

图 14-10　Redis 客户端

Redis 的默认启动端口是 6379，本书只展示了 Redis 单机版，它同样支持主从结构和分布式结构，Redis 默认无密码登录，可以通过 redis.conf 设置密码、主从同步、读写优化等。

5. MariaDB

CentOS 7 已经将 MySQL 从默认的程序列表中移除，安装 MySQL 可能会有问题，因此我们选择 MariaDB。

MariaDB 是 MySQL 的一个分支，主要由开源社区维护，采用 GPL 授权许可。开发这个分支的原因之一是：甲骨文公司收购了 MySQL 后，可能会将 MySQL 闭源，因此社区采用分支的方式来避开这个风险。

MariaDB 完全兼容 MySQL，因此可以轻松替换 MySQL。

MariaDB 的安装也很简单，执行如下命令即可完成安装：

```
yum install mariadb-server mariadb -y
```

首先，启动 MariaDB 并设置开机启动：

```
systemctl start mariadb
systemctl enable mariadb
```

启动后，就可以使用 MariaDB 了。MariaDB 默认没有密码，可以通过以下命令进入：

```
mysql -uroot -p
```

回车后会提示输入密码，忽略它，再按一次回车即可进入 MariaDB 的命令行界面。

可以先设置 MariaDB 的登录密码，具体操作如下：

```
set password for 'root'@'localhost' = password('要设置的密码');
```

6. RabbitMQ

RabbitMQ 依赖 Erlang，因此要先安装 Erlang。

(1) 安装 Erlang 编译环境：

```
yum -y install make gcc gcc-c++ kernel-devel m4 ncurses-devel openssl-devel unixODBC unixODBC-devel httpd python-simplejson
```

(2) 编译并安装 Erlang：

```
#下载 Erlang 源码包
wget http://erlang.org/download/otp_src_19.2.tar.gz
#解压缩文件
tar -xzvf otp_src_19.2.tar.gz
cd otp_src_19.2
#配置编译环境
./configure --prefix=/usr/local/erlang --enable-smp-support --enable-threads --enable-sctp --enable-kernel-poll --enable-hipe --with-ssl --without-javac
#编译并安装
make && make install
#配置 Erlang 环境变量
vim /etc/profile
#在文件最下面加入 Erlang 环境变量
export PATH=$PATH:/usr/local/erlang/bin
#使环境变量生效
source /etc/profile
```

vim 是 Linux 的编辑器，可使用命令 `yum install -y vim` 安装。

安装好 Erlang 后，安装并部署 RabbitMQ，具体步骤如下。

(1) 下载并安装 RabbitMQ：

```
cd /usr/local
wget http://www.rabbitmq.com/releases/rabbitmq-server/v3.6.1/rabbitmq-server-generic-unix-3.6.1.tar.xz
xz -d rabbitmq-server-generic-unix-3.6.1.tar.xz
tar -xvf rabbitmq-server-generic-unix-3.6.1.tar
```

(2) 配置 RabbitMQ 环境变量，编辑/etc/profile 并增加 RabbitMQ 环境变量：

```
vim /etc/profile

#设置 RabbitMQ 环境变量
```

```
export PATH=$PATH:/usr/local/rabbitmq_server-3.6.1/sbin

source /etc/profile
```

(3) 启动 RabbitMQ 服务：

```
rabbitmq-server -detached
```

其中-detached 表示开启守护进程。

(4) 安装 RabbitMQ 的 Web 管理插件：

```
mkdir /etc/rabbitmq
rabbitmq-plugins enable rabbitmq_management
```

(5) 配置防火墙策略，允许外部访问 15672 和 5672 这两个端口：

```
firewall-cmd --permanent --add-port=15672/tcp
firewall-cmd --permanent --add-port=5672/tcp
systemctl restart firewalld
```

RabbitMQ 的默认端口为 5672，网页管理界面的默认端口为 15672。

打开浏览器，输入 http://IP:15672，可以看到如图 14-11 所示的界面。

图 14-11　RabbitMQ 登录界面

网页默认无法访问，我们还需要创建管理用户并设置权限：

```
#设置用户名和密码，这里都设置为admin
rabbitmqctl add_user admin admin
rabbitmqctl set_permissions -p / admin".*" ".*" ".*"
rabbitmqctl set_user_tags admin administrator
```

这样我们就可以登录网页管理界面了，如图 14-12 所示。

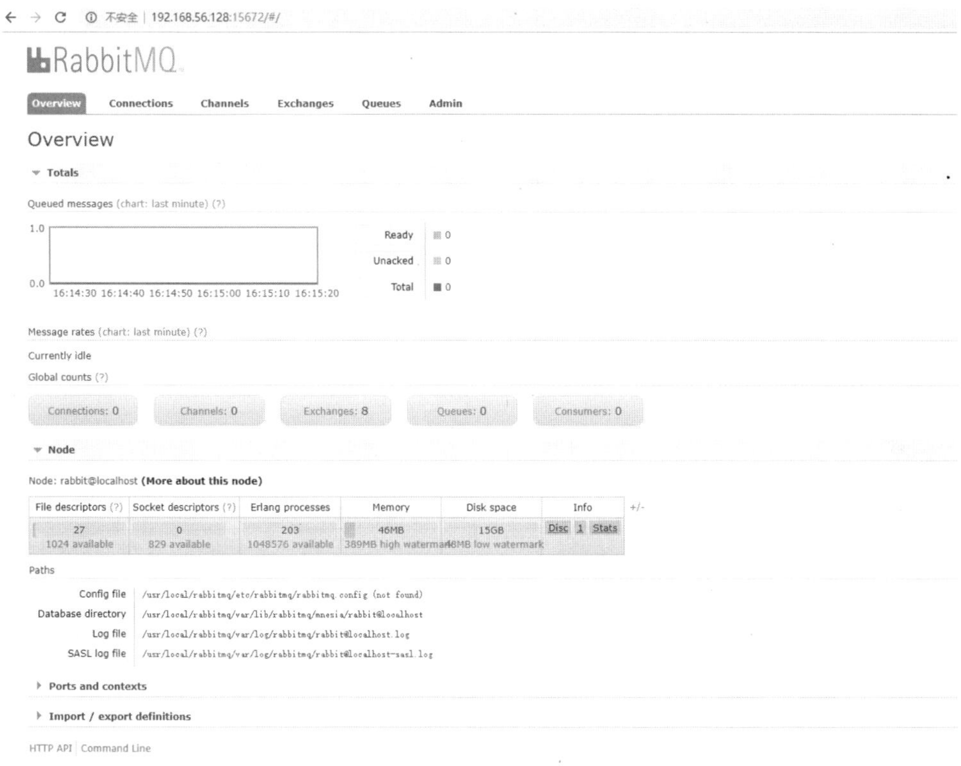

图 14-12　RabbitMQ 主界面

7. Elasticsearch

Elasticsearch 5.0 以上版本提高了安全级别，它不允许 root 用户启动，因此我们需要创建一个用户来安装并启动它，命令如下：

```
useradd es
passwd es
```

其中，`useradd` 命令表示增加用户，`passwd` 命令表示为指定用户设置登录密码。

如果想要设置 es 用户的权限，可以输入命令：

```
visudo
```

然后加入一行代码，其中 ALL 表示拥有所有权限：

```
root    ALL=(ALL)    ALL
es      ALL=(ALL)    ALL
```

想要切换用户时,可以输入:

```
su - es
cd
```

接下来,我们就可以按照下面的步骤安装 Elasticsearch 了。

(1) 下载 Elasticsearch 软件包:

```
wget https://artifacts.elastic.co/downloads/elasticsearch/elasticsearch-6.5.4.tar.gz
```

(2) 解压缩软件包:

```
tar -zxvf elasticsearch-6.5.4.tar.gz
```

(3) 修改 Elasticsearch 配置:

```
cd elasticsearch-6.5.4/config
vim elasticsearch.yml
```

修改 network.host 如下:

```
#0.0.0.0 表示不限制 IP,也可以输入具体 IP,这样只有设置的 IP 才能请求
network.host: 0.0.0.0
```

(4) 切换到 root 用户,修改 sysctl.conf:

```
vim /etc/sysctl.conf
```

在最下面添加一下内容:

```
vm.max_map_count=262144
```

使用如下命令使 sysctl.conf 生效:

```
sysctl -p
```

(5) 修改文件/etc/security/limits.conf,在该文件最下面添加以下内容:

```
* hard nofile 65536
* soft nofile 65536
* soft nproc 4096
* hard nproc 4096
```

这里需要注意的是,*也要加上。

(6) 回到 es 用户，启动 Elasticsearch：

```
cd elasticsearch-6.5.4/bin
./elasticsearch -d
```

其中，-d 表示开启守护进程。

(7) 关闭防火墙：

```
systemctl stop firewalld
```

(8) 验证 Elasticsearch。通过浏览器访问地址 IP:9200，如果看到如图 14-13 所示的界面，说明 Elasticsearch 启动成功。

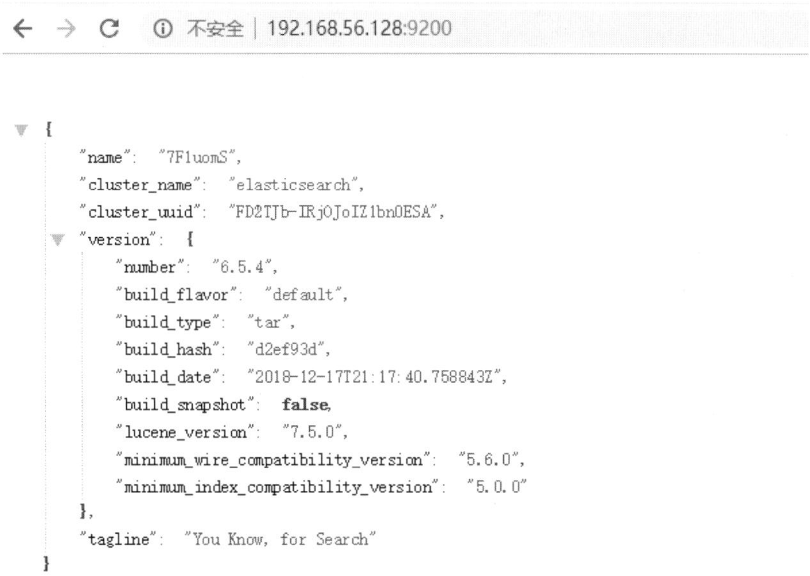
不安全 | 192.168.56.128:9200
{
"name": "7F1uomS",
"cluster_name": "elasticsearch",
"cluster_uuid": "FD2TJb-IRj0JoIZ1bn0ESA",
"version": {
"number": "6.5.4",
"build_flavor": "default",
"build_type": "tar",
"build_hash": "d2ef93d",
"build_date": "2018-12-17T21:17:40.758843Z",
"build_snapshot": false,
"lucene_version": "7.5.0",
"minimum_wire_compatibility_version": "5.6.0",
"minimum_index_compatibility_version": "5.0.0"
},
"tagline": "You Know, for Search"
}

图 14-13 运行结果

14.2 编译、打包、发布

在编译打包之前，我们可以先将博客系统的 MySQL 脚本导入虚拟机的数据库中，并将数据源修改成虚拟机的数据库连接地址，再将 RabbitMQ、Elasticsearch 和 Redis 修改成虚拟机的地址。

由于我们基于 Spring Boot，所以需要通过 Spring Boot 提供的 Maven 插件来打包。修改 pom.xml 文件，增加以下内容：

```xml
<build>
    <!-- 打包后的文件名 -->
    <finalName>register</finalName>
    <resources>
        <resource>
            <directory>src/main/resources</directory>
            <filtering>true</filtering>
        </resource>
    </resources>
    <plugins>
        <plugin>
            <groupId>org.springframework.boot</groupId>
            <artifactId>spring-boot-maven-plugin</artifactId>
            <configuration>
                <!-- 应用启动的主函数 -->
                <mainClass>com.lynn.blog.register.RegisterApplication</mainClass>
            </configuration>
            <executions>
                <execution>
                    <goals>
                        <goal>repackage</goal>
                    </goals>
                </execution>
            </executions>
        </plugin>
        <plugin>
            <artifactId>maven-resources-plugin</artifactId>
            <version>2.5</version>
            <configuration>
                <encoding>UTF-8</encoding>
                <useDefaultDelimiters>true</useDefaultDelimiters>
            </configuration>
        </plugin>
        <plugin>
            <groupId>org.apache.maven.plugins</groupId>
            <artifactId>maven-surefire-plugin</artifactId>
            <version>2.18.1</version>
            <configuration>
                <!-- 编译时跳过单元测试类，默认为 false -->
                <!-- 我建议这里设置为 true，否则在编译时，如果有单元测试类，就会自动执行，
                     这带来的坏处是：一是运行单元测试，增加编译时长；二是如果单元测试类有
                     改变数据库数据的代码，尤其是删除数据，可能会带来灾难性的后果 -->
                <skipTests>true</skipTests>
            </configuration>
        </plugin>
```

```xml
<plugin>
    <groupId>org.apache.maven.plugins</groupId>
    <artifactId>maven-compiler-plugin</artifactId>
    <version>2.3.2</version>
    <configuration>
        <!-- 编译环境为 JDK1.8 -->
        <source>1.8</source>
        <target>1.8</target>
    </configuration>
</plugin>
    </plugins>
</build>
```

上述代码在前面的章节已作相应介绍，这里不再解释。

然后在每个微服务工程中都加入以上代码，并修改 finalName 和 mainClass。

通过 Maven 编译打包应用很简单，执行下面的命令即可：

```
mvn clean
mvn install
```

利用 IDEA 可视化界面更加方便，如图 14-14 所示。

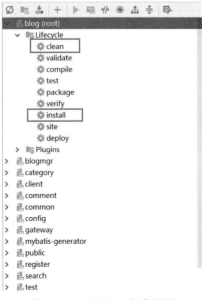

图 14-14　IDEA 可视化界面

安装完成后，我们可以在工程文件下看到一个 target 目录，里面包含了 .jar 文件，这就是我们要发布的应用程序。

将 jar 包上传到服务器指定目录（本书为/app），通过命令 `nohup java -jar *.jar &` 即可启动应用程序。（"*"为通配符，需要替换为具体的包名。）

14.3 利用 Jenkins 实现持续集成

Jenkins 是 Java 开发的一种开源的持续集成工具，用于执行重复的工作以解放生产力。它旨在提供一个开放易用的软件平台，使软件的持续集成变为可能。

Jenkins 官方网站（https://jenkins.io/）是这样描述的：

The leading open source automation server, Jenkins provides hundreds of plugins to support building, deploying and automating any project.

大致含义是说：作为领先的开源自动化服务器，Jenkins 提供了数百个插件用以支持构建、部署和自动化项目。

14.3.1 安装并配置 Jenkins

本节将在虚拟机 CentOS 上安装并配置 Jenkins，安装方式有多种，本书采用 yum 安装。

(1) 配置 yum 源：

```
wget -O /etc/yum.repos.d/jenkins.repo http://pkg.jenkins-ci.org/redhat/jenkins.repo
rpm --import https://jenkins-ci.org/redhat/jenkins-ci.org.key
```

(2) 安装 Jenkins：

```
yum install jenkins -y
```

稍等片刻，Jenkins 就将安装完成。

(3) 修改/etc/sysconfig/jenkins，设置默认端口为 8888，如：

```
JENKINS_PORT="8888"
```

(4) 启动 Jenkins：

```
service jenkins start
```

启动完成后，在浏览器中输入 http://IP:8888，可以看到如图 14-15 所示的界面。

图 14-15　Jenkins 安装界面

如果界面上提示 Please waiting while Jenkins is getting ready to work，说明 Jenkins 正在配置，请耐心等待，配置完成后会自动跳转到如图 14-15 所示的界面。如果始终停留在这个界面，则请检查网络，并重启 Jenkins。

输入 Jenkins 安装密码[①]，点击 Continue 按钮，进入插件安装界面，如图 14-16 所示。

---

① 密码保存在 /var/lib/jenkins/secrets/initialAdminPassword 文件里。

图 14-16　Jenkins 安装界面

选择 Install suggested plugins（安装推荐的插件）开始安装插件，期间请保持网络畅通，安装插件比较耗时，一段时间后，你将看到如图 14-17 所示的界面。

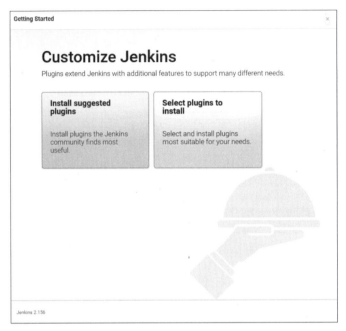

图 14-17　Jenkins 安装界面

点击 Save and Continue 按钮将进入 Jenkins 主页，如图 14-18 所示。

图 14-18　Jenkins 主界面

(5) 安装 Jenkins 常用插件。

本书的实战项目是通过 Maven 构建的，我们也希望通过 Jenkins 从 Git 仓库拉取源码，而且可以自动编译和上传到 Linux 服务器并自动启动。Jenkins 采用插件的思想，上述的这些动作都需要安装相应的插件来完成。

经过分析，我们至少需要 Maven、SSH 和 Git 插件。由于 Git 插件在安装 Jenkins 时已默认安装，这里只需要安装 Maven 和 SSH 相关插件即可。

依次点击"系统管理"→"插件管理"→"可选插件"，搜索关键字 maven integration，找到对应插件，选中 Maven Integration plugin 复选框，点击直接安装即可，如图 14-19 所示。

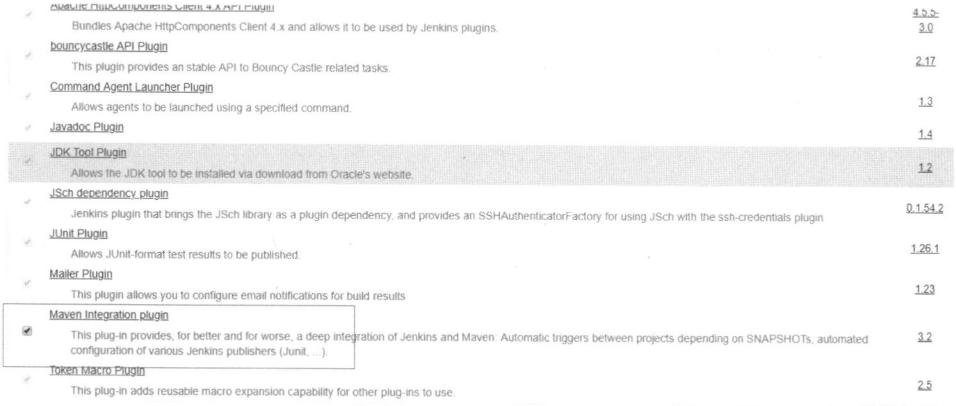

图 14-19　Jenkins 插件安装界面

接着，使用同样的方法安装 SSH Plugins 和 Publish Over SSH 这两个插件即可。

(6) 配置 Jenkins 全局应用服务器。

依次点击"系统管理"→"系统设置"，找到 Publish over SSH，设置应用要部署的服务器信息，如图 14-20 所示。

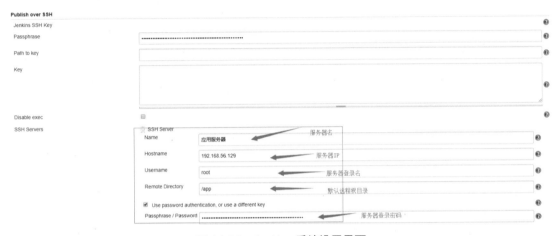

图 14-20　Jenkins 系统设置界面

Jenkins 无法操作/root 目录，因此建议读者最好新建一个目录，这里新建了一个名叫/app 的目录。

服务器登录密码要点击"高级"按钮才能出来，并且勾选 Use password authentication,or use a different key 复选框。

(7) 配置全局工具。

依次点击"系统管理"→"全局工具配置"，进入配置界面，根据如图 14-21 所示配置 Maven、JDK 和 Git。

图 14-21　Jenkins 全局工具配置界面

- Maven 可以从 Apache 官网下载并解压到指定目录即可（下载地址：http://mirrors.hust.edu.cn/apache/maven/maven-3/3.6.0/binaries/apache-maven-3.6.0-bin.tar.gz）。
- Git 需要安装，安装命令为 yum install -y git。
- 我们通过 yum 安装的 Java 比较分散，不方便在 Jenkins 设置，因此需要再单独下载 JDK，并解压到指定目录（下载地址：https://www.oracle.com/technetwork/cn/java/javase/downloads/jdk8-downloads-2133151-zhs.html），我们下载以 tar.gz 格式结尾的文件即可。

14.3.2　创建任务

本节以注册中心 register 为例，讲述如何通过 Jenkins 快速部署应用，其他服务方法类似。

点击"新建任务"，输入任务名，选择构建一个 Maven 项目，然后点击"确定"按钮，进入任务配置界面，如图 14-22 所示。

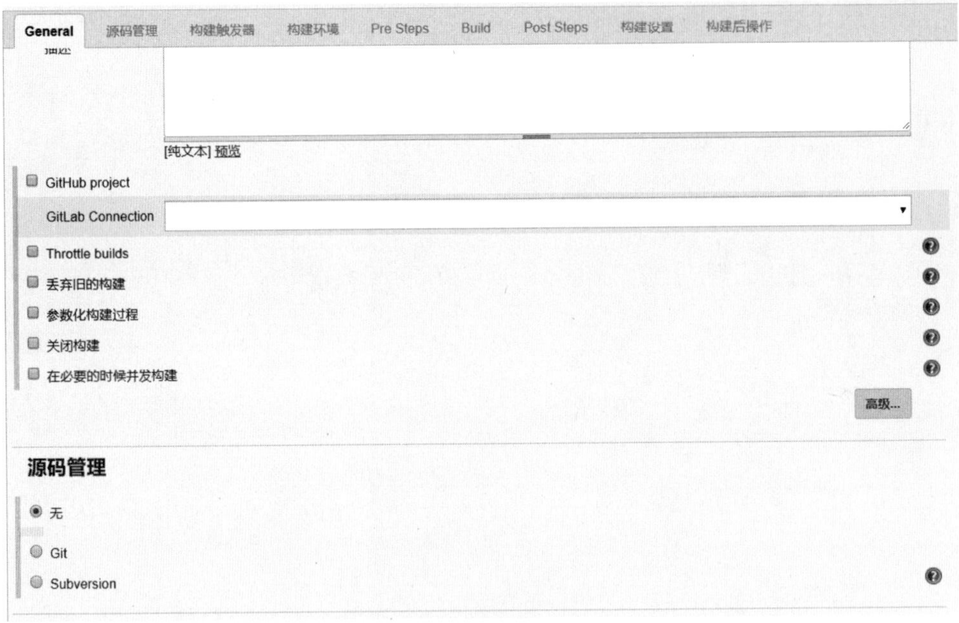

第 14 章 系统发布上线

图 14-22　创建任务界面

在"源码管理"中选择 Git，并设置仓库地址（Repository URL），选择 Credentials。因为第一次创建时没有用户，所以需要添加一个用户，如图 14-23 所示。

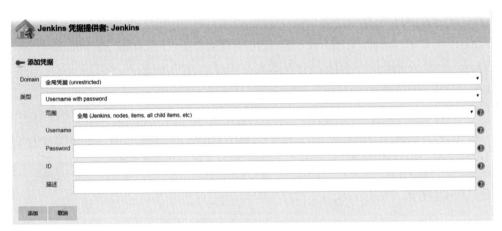

图 14-23　Jenkins 仓库配置界面

这里输入 Git 仓库对应的用户名和密码即可。在 Pre Steps 选项卡中设置构建前的命令，Root POM 一栏输入 pom.xml，Goals and options 一栏输入 clean package，如图 14-24 所示。

14.3 利用 Jenkins 实现持续集成

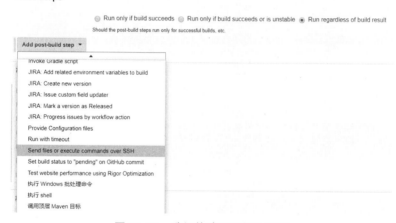

图 14-24　设置构建前命令

紧接着，在 Post Steps 点击 Add post-build step 右面的下拉列表，选择 Send files or execute commands over SSH，开始设置构建后的操作，如图 14-25 和图 14-26 所示。

图 14-25　选择构建后的操作界面

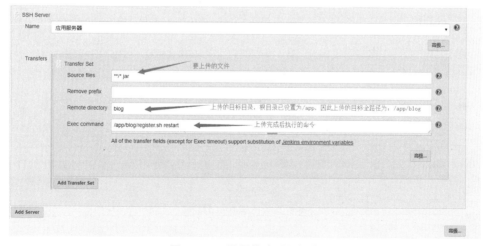

图 14-26　设置构建后的操作

最后，点击"保存"按钮，任务即创建完成。

在图 14-26 中我们输入了执行命令（Exec command），该执行命令为构建成功后在服务器执行的脚本，我们需要事先再服务器创建 register.sh 脚本文件，并输入以下 shell 代码：

```sh
#!/bin/sh
psid=0
APP_PORT=8101
APP_NAME=/app/blog/register/target/register.jar

checkpid(){
    javaps=`/app/jdk1.8.0_191/bin/jps -l | grep $APP_NAME`
    if [ -n "$javaps" ]; then
        psid=`echo $javaps | awk '{print $1}'`
    else
        psid=0
    fi
}

start() {
    checkpid
    if [ $psid -ne 0 ]; then
        echo "================================"
        echo "warn: $APP_NAME already started! (pid=$psid)"
        echo "================================"
    else
        echo -n "Starting $APP_NAME ..."
        #-DlogFn=active 指的是生产日志文件名为 active
        nohup java -jar $APP_NAME > nohup.out &
        #echo "(pid=$psid) [OK]"
        checkpid
        if [ $psid -ne 0 ]; then
            echo "(pid=$psid) [OK]"
        else
            echo "[Failed]"
        fi
    fi
}

stop() {
    checkpid

    if [ $psid -ne 0 ]; then
        echo -n "Stopping $APP_NAME ...(pid=$psid) "
        kill -9 $psid
        if [ $? -eq 0 ]; then
            echo "[OK]"
```

```
        else
            echo "[Failed]"
        fi

        checkpid
        if [ $psid -ne 0 ]; then
            stop
        fi
    else
        echo "==============================="
        echo "warn: $APP_NAME is not running"
        echo "==============================="
    fi
}

status(){
    checkpid
    if [ $psid -ne 0 ];   then
        echo "$APP_NAME is running! (pid=$psid)"
    else
        echo "$APP_NAME is not running"
    fi
}

case "$1" in
    'start')
        start
        ;;
    'stop')
        stop
        ;;
    'restart')
        stop
        start
        ;;
    'status')
        status
        ;;
 *)
        echo "Usage:$0 {start|stop|restart|status|info}"
        exit 1
esac
exit 0
```

上述为 Java 应用通用的启动脚本，可选参数有 start、stop、restart、status 和 info，设置不同的参数表示调用不同的函数。读者需要修改 APP_NAME、APP_PORT 和 javaps 的值，其中 APP_NAME

为要启动的应用全路径，APP_PORT 为启动端口，javaps 为 jps 路径（jps 为 JVM 监控程序）。

14.3.3　构建项目

回到 Jenkins 首页，在右边的列表中点击刚才创建的任务，进入如图 14-27 所示的界面。

图 14-27　Jenkins 主界面

点击"立即构建"即可。第一次构建可能比较耗时，因为 Jenkins 需要从 Maven 下载各种依赖包。在 Build History 中可看到当前的构建进度。

点击当前的构建进度，可以进入控制台，Jenkins 会实时刷新日志，如图 14-28 所示。

图 14-28　Jenkins 构建日志界面

判断构建成功的依据是，观察 Build History 构建进度左边的圆点，蓝色为成功，黄色为不稳定，红色为失败。

构建成功后，访问地址 IP:8101 即可进入注册中心界面。

14.4 小结

本章进入了系统发布阶段，先介绍了 Linux 操作系统的安装与操作，然后介绍了项目的编译与打包，最后讲解了如何通过 Jenkins 自动发布系统。通过本章的学习，读者可以独立完成系统的构建和发布工作。

第四部分 部署篇

第 15 章

使用 Kubernetes 部署分布式集群

第四部分 部署篇

第 15 章 使用 Kubernetes 部署分布式集群

在一个实际的大型系统中，微服务架构可能由成千上万个服务组成。在发布一个系统时，如果都单纯地通过打包上传，再发布，工作量无疑是巨大的，也是不可取的。我们现在已经知道了可以通过 Jenkins 帮我们自动化完成发布任务。但是一个 Java 应用其实是比较占用资源的，每个服务都发布到物理宿主机上面，资源开销是巨大的，而且每扩展一台服务器都需要重复部署相同的软件。

容器技术的出现带给了我们新的思路。我们可以将服务打包成镜像，放到容器中，通过容器来运行服务，这样可以很方便地进行分布式管理，同样的服务也可以很方便地进行水平扩展。

Docker 是容器技术方面的佼佼者，它是一个开源容器，而 Kubernetes（以下简称 K8S）是一个分布式集群方案的平台，它和 Docker 就是天生的一对。通过 K8S 和 Docker 的配合，我们很容易搭建分布式集群环境。下面，我们就来看一下 Docker 和 K8S 的诱人之处。

15.1 Docker 介绍

Docker 是一个开源的容器引擎，我们可以将任何应用移植到 Docker 容器中，然后发布到任何 Linux 服务器上，也可以实现虚拟化。在容器技术出现以前，如果我们想要将应用发布到多台物理主机上，需要在每台物理主机上都部署相同的环境；而利用容器技术，我们只需要将环境和应用放到容器中，就可以很方便地发布到任意物理主机上。

由于 Docker 底层是基于 LXC（即 Linux Container）实现的虚拟化技术，所以 Docker 只能运行在 Linux 内核操作系统中。尽管 macOS 基于 Unix，Docker 依然提供了对 macOS 的支持，因为 macOS 版的 Docker 采用了虚拟机技术。

15.1.1 Docker 安装

Docker 的安装非常简单，只需要运行如下命令即可：

```
yum install docker -y
```

安装完成后，运行下面的命令可以启动 Docker 并设置开机启动：

```
chkconfig docker on
service docker start
```

执行下面的命令可以验证安装是否正确：

```
docker run hello-world
```

如安装正确，你将看到以下信息：

```
Unable to find image 'hello-world:latest' locally
Trying to pull repository docker.io/library/hello-world ...
latest: Pulling from docker.io/library/hello-world
9db2ca6ccae0: Pull complete
Digest: sha256:4b8ff392a12ed9ea17784bd3c9a8b1fa3299cac44aca35a85c90c5e3c7afacdc
Status: Downloaded newer image for docker.io/hello-world:latest
WARNING: IPv4 forwarding is disabled. Networking will not work.

Hello from Docker!
This message shows that your installation appears to be working correctly.

To generate this message, Docker took the following steps:
 1. The Docker client contacted the Docker daemon.
 2. The Docker daemon pulled the "hello-world" image from the Docker Hub.
    (amd64)
 3. The Docker daemon created a new container from that image which runs the
    executable that produces the output you are currently reading.
 4. The Docker daemon streamed that output to the Docker client, which sent it
    to your terminal.

To try something more ambitious, you can run an Ubuntu container with:
 $ docker run -it ubuntu bash

Share images, automate workflows, and more with a free Docker ID:
    https://hub.docker.com/

For more examples and ideas, visit:
    https://docs.docker.com/engine/userguide/
```

15.1.2 Docker 镜像

前面讲 Docker 概念时就提到了，我们可以将环境容器打包到 Docker 容器中执行，而在容器中执行的载体就是镜像。

1. 拉取镜像

通过命令 docker pull 就可以从 Docker 仓库中拉取镜像，Docker 的默认仓库为 Docker Hub。那么如何配置国内加速镜像？

(1) 修改 /etc/docker/daemon.json，加入以下内容[①]：

```
{ "registry-mirrors": ["https://9cpn8tt6.mirror.aliyuncs.com"] }
```

(2) 重启 Docker。

我们可以举个例子，拉取 Java 镜像：

```
docker pull java
```

执行该命令后，Docker 会默认从 Docker Hub 下载最新的 Java 镜像。由于网络原因，可能需要等一段时间。当出现如下信息后，说明镜像拉取完成：

```
Digest: sha256:c1ff613e8ba25833d2e1940da0940c3824f03f802c449f3d1815a66b7f8c0e9d Status:
    Downloaded newer image for docker.io/java:latest
```

我们还可以指定镜像版本，如：

```
docker pull java:7
```

这样 Docker 就会下载版本为 7 的 Java 镜像。

2. 创建镜像

实际生产中，我们要将环境应用部署到 Docker 容器中，这就需要创建它的镜像。镜像的创建主要有 3 种方式：基于容器、基于本地模板导入和基于 Dockerfile 文件。

本书主要讲解基于 Dockerfile 创建镜像，因为实际生产中，我们大多数是通过 Dockerfile 来构建应用镜像的。

我们以 Nginx 为例，从 Docker Hub 拉取 Nignx 镜像并改变首页内容。

(1) 编写文件命名为 Dockerfile，输入如下内容：

[①] 由于添加的是第三方镜像地址，笔者在写作时，该地址可用，但笔者不能保证读者在使用时的可用性，若该地址不可用，读者可通过搜索引擎查找最新可用的国内镜像地址。

```
FROM nginx
RUN echo '<h1>Nginx Hello World!</h1>' > /usr/share/nginx/html/index.html
```

(2) 在 Dockerfile 文件所在目录执行以下命令：

```
docker build -t nginx .
```

等待一段时间后，看到以下内容：

```
Successfully built a3c8cee6140b
```

说明镜像创建成功。通过 docker images 命令可以查看刚才创建的镜像：

```
[root@localhost ~]# docker images
REPOSITORY          TAG            IMAGE ID        CREATED              SIZE
nginx               latest         b8cd84ec56e7    About an hour ago    109 MB
```

3. 查看及搜索镜像

查看镜像非常简单，执行以下命令即可：

```
docker images
```

执行后会看到镜像列表，如：

```
[root@localhost ~]# docker images
REPOSITORY                                              TAG         IMAGE ID
CREATED             SIZE
docker.io/hello-world                                   latest      fce289e99eb9
10 days ago         1.84 kB
docker.io/nginx                                         latest      7042885a156a
12 days ago         109 MB
registry.access.redhat.com/rhel7/pod-infrastructure     latest      99965fb98423
15 months ago       209 MB
docker.io/java                                          7           d23bdf5b1b1b
24 months ago       643 MB
docker.io/java                                          latest      d23bdf5b1b1b
24 months ago       643 MB
```

此外，通过命令 docker search 可以搜索指定镜像，如：

```
docker search java
```

我们将看到 Docker Hub 包含的所有名为 Java 的镜像列表：

```
[root@localhost ~]# docker search java
INDEX       NAME                                         DESCRIPTION                        STARS
OFFICIAL    AUTOMATED
docker.io   docker.io/node                               Node.js is a JavaScript-based
platform for...    6867      [OK]
docker.io   docker.io/tomcat                             Apache Tomcat is an open
source implementa...    2254      [OK]
docker.io   docker.io/java                               Java is a concurrent, class-based,
and obj...    1927      [OK]
docker.io   docker.io/openjdk                            OpenJDK is an open-source
implementation o...    1455      [OK]
docker.io   docker.io/ghost                              Ghost is a free and open
source blogging p...    907       [OK]
docker.io   docker.io/anapsix/alpine-java                Oracle Java 8 (and 7) with
GLIBC 2.28 over...    379                  [OK]
docker.io   docker.io/jetty                              Jetty provides a Web server
and javax.serv...    287       [OK]
docker.io   docker.io/couchdb                            CouchDB is a database that
uses JSON for d...    257       [OK]
docker.io   docker.io/ibmjava                            Official IBM® SDK, Java™
Technology Editio...    62        [OK]
docker.io   docker.io/groovy                             Apache Groovy is a multi-faceted
language ...    61        [OK]
docker.io   docker.io/tomee                              Apache TomEE is an all-Apache
Java EE cert...    60        [OK]
docker.io   docker.io/lwieske/java-8                     Oracle Java 8 Container
- Full - Slim - Ba...    42                   [OK]
docker.io   docker.io/cloudbees/jnlp-slave-with-java-build-tools   Extends
cloudbees/java-build-tools docker ...    25                   [OK]
docker.io   docker.io/zabbix/zabbix-java-gateway         Zabbix Java Gateway
16                   [OK]
docker.io   docker.io/frekele/java                       docker run --rm --name java
frekele/java    13                   [OK]
docker.io   docker.io/davidcaste/alpine-java-unlimited-jce   Oracle Java 8 (and 7) with
GLIBC 2.21 over...    11                   [OK]
docker.io   docker.io/blacklabelops/java                 Java Base Images.                  8
[OK]
docker.io   docker.io/fabric8/s2i-java                   S2I Builder Image for plain
Java applications    6
docker.io   docker.io/rightctrl/java                     Oracle Java                        2
[OK]
docker.io   docker.io/appuio/s2i-gradle-java             S2I Builder with Gradle
and Java         1                    [OK]
docker.io   docker.io/appuio/s2i-maven-java              S2I Builder with Maven and
Java             1                    [OK]
```

```
docker.io   docker.io/cfje/java-buildpack            Java Buildpack CI Image              0
docker.io   docker.io/cfje/java-resource             Java Concourse Resource              0
docker.io   docker.io/cfje/java-test-applications    Java Test Applications CI Image      0
docker.io   docker.io/thingswise/java-docker         Java + dcd                           0
[OK]
```

4. 删除镜像

我们可以通过镜像名或镜像 ID 删除镜像，基本命令为 `docker rmi`。

例如删除 java:7 的镜像：

```
docker rmi docker.io/java:7
```

或者：

```
docker rmi d23bdf5b1b1b
```

其中 d23bdf5b1b1b 为要删除的镜像 ID，镜像 ID 通过 `docker images` 获取。

15.1.3　Docker 容器

Docker 的另一大核心便是容器，前面我们讲过，创建或拉取的镜像需要放到容器里面才能运行，那么怎么将镜像运行到容器里呢？

1. 创建容器和启动容器

容器的创建和启动很简单，通过 `docker run` 命令即可，如果输入的容器名称不存在，会自动创建一个容器。如果存在，就会直接启动该容器。例如启动运行上一节构建的 Nginx 镜像：

```
docker run -d -p 91:80 nginx
```

其中 -d 表示后台运行，-p 用于指定容器运行端口，第一个端口为物理主机的端口，第二个端口为容器的端口。因为外部访问只能访问物理主机的端口，所以我们需要指定它。

启动完成后，通过浏览器访问地址"IP:91"可以看到如图 15-1 所示的界面。

← → C ⓘ 不安全 | 172.20.10.2:91

Nginx Hello World!

图 15-1　运行结果

我们还可以通过 docker ps 命令查看启动的容器：

```
[root@localhost ~]# docker ps
CONTAINER ID    IMAGE                                    COMMAND              CREATED
STATUS          PORTS               NAMES
806d1021575d    nginx                                                         "nginx -g
'daemon ..."    About a minute ago  Up About a minute   0.0.0.0:91->80/tcp    thirsty_sammet
```

此外，通过 docker ps -a 命令能够查看所有的容器。

2. 进入容器和删除容器

容器创建后可以通过 docker exec 命令进入容器，如：

```
docker exec -it 806d1021575d /bin/bash
```

删除容器也很简单，通过命令 docker rm 即可：

```
docker rm 806d1021575d
```

其中，806d1021575d 为容器 ID。注意，启动中的容器是无法删除的，如果提示删除失败，需要先通过命令停止容器：docker stop 容器 ID，相反，启动容器的命令为：docker start 容器 ID。

15.2 K8S 集群环境搭建

从本节开始，我们将进入一个非常神奇的世界，利用 K8S 快速搭建分布式集群环境，并实现分布式系统的部署。K8S 全称 Kubernetes，是谷歌开源的一套用于搭建分布式集群应用环境的平台，它基于 Docker，和 Docker 配合可以很方便地部署分布式应用。在进行 K8S 分布式集群部署之前，首先应先搭建集群环境。

15.2.1 环境准备

本书集群使用单台虚拟机做演示，即将 Master 和 Node 都部署到一台机器上，实际中可以由多台服务器做集群。虚拟机在上一章已经安装完成，采用 CentOS 64 位操作系统，内存为 2GB。由于我们是在个人计算机上安装 Linux 虚拟机，资源有限，所以用一台虚拟机模拟集群环境，实际中的集群环境搭建和单机模拟是一样的操作。

下面就是本文虚拟机的环境配置。

- IP：172.20.10.2。
- 操作系统：CentOS7.4。
- 内存：2 GB。

15.2.2 集群搭建

首先，我们需要安装 Docker（前面已经安装了 Docker，此处省略）。然后，我们来安装 etcd[①]，执行以下命令：

```
yum install etcd -y
```

启动 etcd：

```
systemctl start etcd
systemctl enable etcd
```

输入如下命令查看 etcd 健康状况：

```
etcdctl -C http://localhost:2379 cluster-health
```

如果出现以下内容，说明 etcd 没有问题：

```
member 8e9e05c52164694d is healthy: got healthy result from http://localhost:2379
cluster is healthy
```

接着安装 K8S，执行命令：

```
yum install kubernetes -y
```

安装好后，编辑文件 /etc/kubernetes/apiserver，将 KUBE_ADMISSION_CONTROL 后面的 ServiceAccount 去掉，如：

```
KUBE_ADMISSION_CONTROL="--admission-control=NamespaceLifecycle,NamespaceExists,
    LimitRanger,SecurityContextDeny,ResourceQuota"
```

接下来分别启动以下程序（Master）：

```
systemctl start kube-apiserver
systemctl enable kube-apiserver
systemctl start kube-controller-manager
```

---

① 用于配置共享和服务发现的键值存储仓库的工具。

```
systemctl enable kube-controller-manager
systemctl start kube-scheduler
systemctl enable kube-scheduler
```

最后，启动 Node 节点的程序：

```
systemctl start kubelet
systemctl enable kubelet
systemctl start kube-proxy
systemctl enable kube-proxy
```

这样一个简单的 K8S 集群环境就已经搭建完成了，我们可以运行以下命令来查看集群状态：

```
[root@localhost ~]# kubectl get no
NAME        STATUS   AGE
127.0.0.1   Ready    1h
```

该集群环境目前还不能很好地工作，因为需要对集群中 pod 的网络进行统一管理，所以需要创建覆盖网络 flannel。

(1) 安装 flannel：

```
yum install flannel -y
```

(2) 编辑文件/etc/sysconfig/flanneld，增加以下代码：

```
FLANNEL_OPTIONS="--logtostderr=false --log_dir=/var/log/k8s/flannel/ --etcd-prefix=/atomic.io/
    network --etcd-endpoints=http://localhost:2379 --iface=ens33"
```

其中 `--iface` 对应的是网卡的名字。

(3) 配置 etcd 中关于 `flanneld` 的 key

因为 flannel 使用 etcd 进行配置来保证多个 flannel 实例之间配置的一致性，所以需要在 etcd 上进行如下配置：

```
etcdctl mk /atomic.io/network/config '{ "Network": "10.0.0.0/16" }'
```

/atomic.io/network/config 这个 key 与上文/etc/sysconfig/flannel 中的配置项是相对应的，错误的话启动就会出错。

Network 是配置网段，不能和物理机 IP 冲突，可以任意定义，尽量避开物理机 IP 段。

(4) 启动修改后的 flannel，并依次重启 Docker 和 Kubernetes：

```
systemctl enable flanneld
systemctl start flanneld
service docker restart
systemctl restart kube-apiserver
systemctl restart kube-controller-manager
systemctl restart kube-scheduler
systemctl enable flanneld
systemctl start flanneld
service docker restart
systemctl restart kubelet
systemctl restart kube-proxy
```

这样我们将应用部署到 Docker 容器中时，就可以通过物理 IP 访问到容器了。

15.2.3 分布式应用部署

本节中，我们就可以开始部署一个分布式应用了。（实际中的集群是一个 Master 对应多个 Node，通过 K8S 会通过 Master 将 Docker 镜像随机分配到不同的 Node 中。）

接下来，以注册中心 register 为例来讲述 K8S 的应用部署。

1. 构建应用镜像

首先将 register 打包并上传到服务器上，并编写 Dockerfile：

```
#下载 Java 8 的镜像
FROM java:8
#将本地文件挂到到/tmp 目录
VOLUME /tmp
#复制文件到容器
ADD register.jar /register.jar
#暴露 8101 端口
EXPOSE 8101
#配置启动容器后执行的命令
ENTRYPOINT ["java","-jar","/register.jar"]
```

然后通过 docker build 命令创建镜像：

```
docker build -t register .
```

如果构建成功，你将看到以下内容：

```
Sending build context to Docker daemon 1.019 GB
Step 1/5 : FROM java:8
 ---> d23bdf5b1b1b
Step 2/5 : VOLUME /tmp
 ---> [Warning] IPv4 forwarding is disabled. Networking will not work.
 ---> Running in 63ddec053c5e
 ---> 015fedfaf379
Removing intermediate container 63ddec053c5e
Step 3/5 : ADD register.jar /register.jar
 ---> aaed606aa239
Removing intermediate container 940f70c5bdde
Step 4/5 : EXPOSE 8101
 ---> [Warning] IPv4 forwarding is disabled. Networking will not work.
 ---> Running in ca6e30c82996
 ---> 22856e75b953
Removing intermediate container ca6e30c82996
Step 5/5 : ENTRYPOINT java -jar /register.jar
 ---> [Warning] IPv4 forwarding is disabled. Networking will not work.
 ---> Running in 60636581cda9
 ---> 901d6123e0b7
Removing intermediate container 60636581cda9
Successfully built 901d6123e0b7
```

这时执行命令 docker images 就将看到刚才构建的镜像，如：

```
[root@localhost ~]# docker images
REPOSITORY             TAG         IMAGE ID          CREATED              SIZE
register               latest      9bc4a8542033      About an hour ago    712 MB
```

2. 利用 K8S 部署应用

(1) 创建 rc 文件 register-rc.yaml：

```yaml
apiVersion: v1
kind: ReplicationController
metadata:
    name: register
spec:
    #节点数，设置为多个可以实现负载均衡效果
    replicas: 1
    selector:
        app: register
    template:
        metadata:
            labels:
                app: register
```

```yaml
      spec:
        containers:
        - name: register
          #镜像名
          image: register
          #本地有镜像就不会去仓库拉取
          imagePullPolicy: IfNotPresent
          ports:
          - containerPort: 8101
```

在上述文件中，image 为要拉取的镜像名，意为拉取 register 镜像；imagePullPolicy 为镜像拉取策略，可选值有 Always（每次都从仓库拉取一次镜像，无论镜像是否存在）、Never（不拉取镜像，无论镜像是否存在）、IfNotPresent（本地镜像不存在时才会进行拉取）；containerPort 为容器内部启动端口。

(2) 执行以下命令创建 pod：

```
[root@localhost ~]# kubectl create -f register-rc.yaml
replicationcontroller "register" created
```

(3) 创建成功后，我们可以查看 pod：

```
[root@localhost ~]# kubectl get po
NAME             READY    STATUS              RESTARTS    AGE
register-lsk2g   0/1      ContainerCreating   0           3s
```

ContainerCreating 提示正在创建中，这时运行命令 kubectl describe po register-lsk2g 可以查看创建日志：

```
Name:           register-lsk2g
Namespace:      default
Node:           127.0.0.1/127.0.0.1
Start Time:     Fri, 11 Jan 2019 09:40:28 +0800
Labels:         app=register
Status:         Pending
IP:
Controllers:    ReplicationController/register
Containers:
  register:
    Container ID:
    Image:                      register
    Image ID:
    Port:                       8101/TCP
```

```
    State:                      Waiting
      Reason:                   ContainerCreating
    Ready:                      False
    Restart Count:              0
    Volume Mounts:              <none>
    Environment Variables:      <none>
Conditions:
  Type          Status
  Initialized   True
  Ready         False
  PodScheduled  True
No volumes.
QoS Class:      BestEffort
Tolerations:    <none>
Events:
  FirstSeen     LastSeen     Count   From                    SubObjectPath  Type         Reason
Message
  ---------     --------     -----   ----                    -------------  --------     ------
  -------
  1m            1m           1       {default-scheduler }                   Normal       Scheduled
Successfully assigned register-lsk2g to 127.0.0.1
  1m            25s          3       {kubelet 127.0.0.1}                    Warning      FailedSync
Error syncing pod, skipping: failed to "StartContainer" for "POD" with ErrImagePull: "image
pull failed for registry.access.redhat.com/rhel7/pod-infrastructure:latest, this may be
because there are no credentials on this request. details: (open
/etc/docker/certs.d/registry.access.redhat.com/redhat-ca.crt: no such file or directory)"

  38s           9s           2       {kubelet 127.0.0.1}                    Warning FailedSync    Error syncing
pod, skipping: failed to "StartContainer" for "POD" with ImagePullBackOff: "Back-off pulling
image \"registry.access.redhat.com/rhel7/pod-infrastructure:latest\""
```

读者请注意看加粗字体部分，提示 redhat-cat.crt 不存在，我们先通过 ll 命令查看下该文件：

```
[root@MiWiFi-R3-srv ~]# ll /etc/docker/certs.d/registry.access.redhat.com/redhat-ca.crt
lrwxrwxrwx 1 root root 27 7月  31 22:53
/etc/docker/certs.d/registry.access.redhat.com/redhat-ca.crt ->
    /etc/rhsm/ca/redhat-uep.pem
```

可以发现该文件是个链接文件，它指向的是/etc/rhsm/ca/redhat-uep.pem，而这个文件发现确实不存在，那这个文件又是怎么来的呢？答案就在这个路径里，我们需要安装 rhsm 这个软件，执行命令安装：

```
yum install *rhsm* -y
```

安装完成后，执行 ll 命令查看该文件是否存在：

```
[root@MiWiFi-R3-srv ~]# ll /etc/rhsm/ca/redhat-uep.pem
ls: 无法访问/etc/rhsm/ca/redhat-uep.pem: 没有那个文件或目录
```

我们发现，依然没有该文件。不过没关系，我们可以手动创建：

```
touch /etc/rhsm/ca/redhat-uep.pem
```

执行完以上操作后，我们先将 rc 删除，再创建：

```
[root@MiWiFi-R3-srv ~]# kubectl delete rc register
replicationcontroller "register" deleted
[root@MiWiFi-R3-srv ~]# kubectl create -f register-rc.yaml
replicationcontroller "register" created
```

等待一段时间后，重新查看 po，我们发现已经成功启动：

```
[root@MiWiFi-R3-srv ~]# kubectl get po
NAME              READY     STATUS    RESTARTS   AGE
register-hdmxs    1/1       Running   0          1m
```

这时，我们还无法通过局域网访问应用，还需要创建服务：

(1) 创建文件 register-svc.yaml：

```
apiVersion: v1
kind: Service
metadata:
    name: register
spec:
    type: NodePort
    ports:
    - port: 8101
      targetPort: 8101
      nodePort: 30001
    selector:
        app: register
```

在上述文件中，nodePort 为节点暴露给外部的端口，即外部是通过该端口访问容器的，端口范围为 30000~32767，否则无法创建服务；targetPort 为目标端口，即外部通过 nodePort 访问容器内部开启的哪个端口。

(2) 执行命令以创建服务：

```
[root@MiWiFi-R3-srv ~]# kubectl create -f register-svc.yaml
service "register" created
```

(3) 我们可以查看刚才创建的服务：

```
[root@localhost ~]# kubectl get svc
NAME          CLUSTER-IP        EXTERNAL-IP     PORT(S)           AGE
kubernetes    10.254.0.1        <none>          443/TCP           1h
register      10.254.68.212     <nodes>         8101:30001/TCP    1h
```

这时，我们就可以通过 172.20.10.2:30001 访问应用了，如图 15-2 所示。

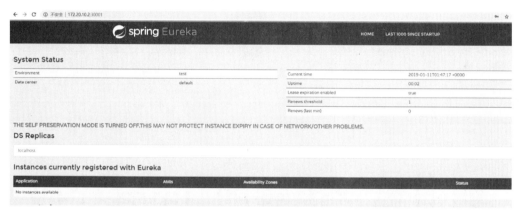

图 15-2　运行结果

如果访问不到，需要关闭防火墙：

```
systemctl stop firewalld
iptables -P FORWARD ACCEPT
```

至此，通过 K8S 部署应用就大功告成了。在实际的生产环境中，可能会有一个 Master 管理多个 Node，和本章讲述的原理一样，只是对应在不同机器上而已。通过 kubectl 创建 pod 和 service，Master 会随机分配到不同服务器上，通过 K8S 来部署分布式应用就变得非常简单。

通过本章的一系列操作，我们可以利用 Jenkins 实现系统的自动化部署，结合上一章的操作步骤，将本章讲解的 K8S 发布步骤编写成一个脚本，利用 Jenkins 自动执行脚本就能完成系统的自动化部署。

15.3　小结

通过本章的学习，读者可以了解到 Docker+K8S 搭建集群环境的全过程，亦可独立完成集群环境的搭建，并能利用 K8S 部署微服务应用。

附录 A

如何编写优雅的 Java 代码

附录 A　如何编写优雅的 Java 代码

本附录为作者从事开发工作多年的经验之谈，仅供读者参考。

在项目开发过程中，读者可能有过这样的体会：需要接手其他同事的项目，但在看到代码的那一刻，会产生一种想要"砸电脑"的冲动，可能在某一个方法体内有无数行代码，到处可见复制粘贴的痕迹，变量命名也让人看不懂。

其实每个人都希望自己能写出高质量、优雅、扩展性良好的代码，让人佩服得五体投地，可不知道如何去做，本附录就是为了帮助大家提高编码质量而生的。

1. 使用 lombok 简化代码

在介绍 lombok 之前，我们先来看一段代码：

```java
public class Person {
    private Long id;
    private String name;
    public Long getId() {
        return id;
    }
    public void setId(Long id) {
        this.id = id;
    }
    public String getName() {
        return name;
    }
    public void setName(String name) {
        this.name = name;
    }
}
```

这段代码大家应该都很熟悉，我们在开发 Java Web 项目时，每定义一个 Bean，都会先写好属性，然后设置 getter/setter 方法。这段代码本身没有任何问题，也必须这样写，但是每个 Bean 都需要写 getter/setter，这样就不够"优雅"了，何况每增加一个属性，还要写 getter/setter。

我们如何优雅地写这段代码呢？这时就轮到强大的 lombok 出场了。

lombok 是一个通过注解的形式来简化代码的插件,要使用它,我们应该先安装插件,安装步骤如下。

(1) 打开 IDEA 的 Plugins,点击 Browse repositories,如图 A-1 所示。

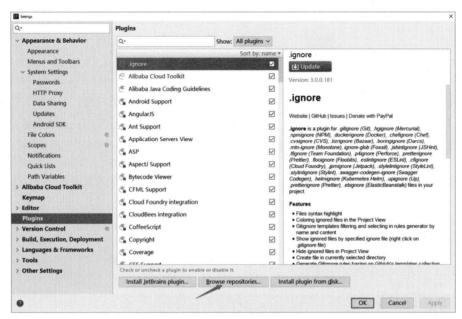

图 A-1　IDEA 插件安装界面

(2) 搜索 lombok 并安装,然后重启 IDEA,如图 A-2 所示。

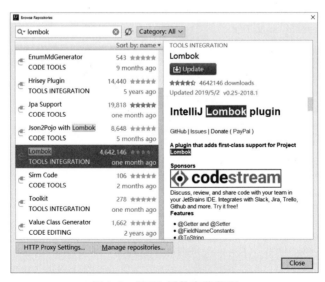

图 A-2　IDEA 插件安装界面

(3) 打开 Settings，找到 Annotaion Processors，勾选 Enable annotaion processing，如图 A-3 所示。

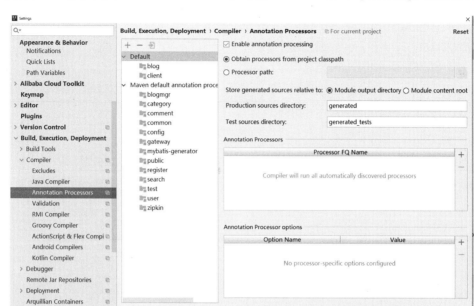

图 A-3　IDEA 设置界面

(4) 我们要用到 lombok 的注解，所以还需要添加其依赖：

```xml
<dependency>
    <groupId>org.projectlombok</groupId>
    <artifactId>lombok</artifactId>
    <version>1.18.0</version>
    <scope>provided</scope>
</dependency>
```

接下来，我们改造 Person 类：

```java
import lombok.Getter;
import lombok.Setter;
@Getter
@Setter
public class Person {

    private Long id;
    private String name;
}
```

可以看到，在类中加入了 @Getter 和 @Setter 两个注解，将之前写的 getter/setter 方法去掉了，这种代码看着清爽多了。编写一个 main 方法进行测试：

```java
public static void main(String[] args) {
    Person person = new Person();
    person.setName("lynn");
    person.setId(1L);
    System.out.println(person.getName());
}
```

我们并没有写任何 setter/getter 方法，只加了两个注解就可以调用了，这是为什么呢？因为 lombok 提供的 @Getter 和 @Setter 注解是编译时注解，即在编译时，lombok 会自动为我们添加 getter/setter 方法。

当然，lombok 的功能不止于此，它提供了很多注解来简化我们的代码，下面将分别介绍其他常用注解。

- **@Accessors**

@Accessors 注解的作用是是否开启链式调用，比如我们开启链式调用：

```java
@Getter
@Setter
//chain 设置为 true 表示开启链式调用
@Accessors(chain = true)
public class Person {

    private Long id;
    private String name;
    public static void main(String[] args) {
        Person person = new Person();
        person.setName("lynn").setId(1L);
    }
}
```

- **@Builder**

@Builder 注解的作用是生成构建者模式代码，我们在使用第三方框架时经常能看到构建者模式，比如 HttpClient[①]：

[①] HttpClient 是 Apache 基金会开源的用于请求 HTTP 的类库。

```
RequestConfig config = RequestConfig.custom()
                            .setConnectionRequestTimeout(timeout)
                            .setConnectTimeout(timeout)
                            .setSocketTimeout(timeout)
                            .build();
```

那么，通过 @Builder 注解可以很方便地实现它：

```
@Getter
@Setter
@Builder
public class Person {
    private Long id;
    private String name;
    public static void main(String[] args) {
        Person person = new PersonBuilder()
                .name("lynn")
                .id(1L)
                .build();
    }
}
```

- **@Data**

@Data 注解的作用是在编译时自动生成 getter、setter、toString、equals 和 hashCode 方法，如：

```
@Data
public class Person {

    private Long id;
    private String name;

    public static void main(String[] args) {
        Person person = new Person();
        person.setName("lynn");
        System.out.println(person);
    }
}
```

- **@Cleanup**

@Cleanup 注解可以自动生成输入输出流的 close 方法，如：

```java
public static void main(String[] args) throws Exception{
    @Cleanup InputStream inputStream = new FileInputStream("1.txt");
}
```

我们通过断点调试发现,程序会调用 close 方法,说明 lombok 帮我们生成了 close,如图 A-4 所示。

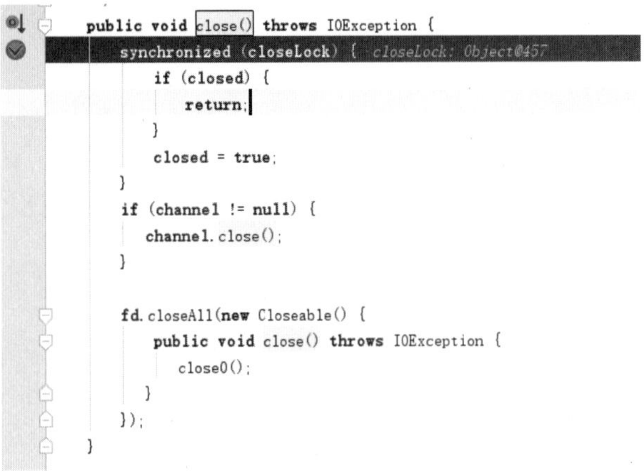

```
public void close() throws IOException {
    synchronized (closeLock) { closeLock: Object@457
        if (closed) {
            return;
        }
        closed = true;
    }
    if (channel != null) {
        channel.close();
    }
    fd.closeAll(new Closeable() {
        public void close() throws IOException {
            close0();
        }
    });
}
```

图 A-4 断点调试

通过 lombok 的注解,可以极大地减少我们的代码量,并且更加清爽,更加优雅。

2. 巧用设计模式

提及设计模式,我相信大家都能说出那 23 种设计模式,并且还能说出每种设计模式的用法,但是大多数人应该都没有真正运用过设计模式,还只是停留在理论阶段。

不知道读者是否有过这个感觉,整个应用被相同的代码充斥着,自己也知道这种代码不好,但是不知道怎么做优化,虽然知道有 23 种设计模式,却不知道怎么运用。

本节将以实际的例子教大家如何在实际应用中灵活运用所学的设计模式。

在实际应用中,一个场景可能不只包含一个设计模式,很有可能需要多种设计模式配合使用才能写出优雅的高质量的代码。

● 场景 1:导出报表

我们在做后台管理系统时,会有这样一个需求:根据后台的数据统计导出报表。这就需要软件支持导出 Excel、Word、PPT、PDF 等形式的文件。

对于以上需求，一般的做法是：为每种报表的形式提供一个方法，然后在 Service 里判断，如果为 Excel 形式则调用 Excel 的方法，如果为 Word 形式则调用 Word 的方法，如：

```java
public void exportReport(String type){
    if("Excel".equals(type)){
        exportExcel();
    }else if("Word".equals(type)){
        exportWord();
    }
    ...
}
```

上面代码本身没有问题，也能实现需求，但是有以下缺点：

- 不够优雅，业务方法内存在太多 if-else；
- 扩展性较弱，每增加一个报表格式，就需要修改业务方法，增加一个 if-else。

一般在开发时需要遵循一个原则——单一职责原则，即无论增加什么样的报表格式，业务方法 exportReport 的作用依然是导出功能，除非业务需求发生改变，否则不能修改业务方法。

导出报表时可以导出不同的格式，这些格式我们可以理解为产品，需要由一个地方产出，因此马上就能想到可以利用工厂模式对其进行改造，下面是改造后的代码：

```java
public enum Type {
    EXCEL,
    WORD,
    PPT,
    PDF;
}
/**
 * 模板引擎基类
 * 所有模板类继承此类
 *
 */
public abstract class Template {

    //读取内容
    public abstract List<Serializable> read(InputStream inputStream)throws Exception;

    //写入内容
    public abstract void write(List<Serializable> data)throws Exception;
}
//Excel模板
```

```java
public class ExcelTemplate extends Template {

    @Override
    public List<Serializable> read(InputStream inputStream)throws Exception{
        List<Serializable> list = new ArrayList<>();
        return list;
    }

    @Override
    public void write(List<Serializable> data) throws Exception {

    }
}
public class TemplateFactory {

    public static Template create(Type type){
        Template template = null;
        switch (type){
            case EXCEL:
                template = new ExcelTemplate();
                break;
        }
        return template;
    }

    public static void main(String[] args) {
        Template template = TemplateFactory.create(Type.EXCEL);
        template.read(input);
        template.write(data);
    }
}
```

这样就完成了工厂模式对报表导出的改造。在业务方法内，通过 TemplateFactory 类创建 template 方法，然后调用 template 的 read 或 write 方法。以后，我们每增加一个格式，只需要实现 Template 的相应方法，在 TemplateFactory 类中实例化即可。

此场景用到的设计模式有：简单工厂模式。

- **场景2：分步骤执行任务**

分步骤执行任务的场景也比较多见，举例如下。

❏ 场景1：实现一个注册功能，注册的字段比较多，可能会分步骤进行，第一步填写手机号验证码，第二步填写头像昵称。

- 场景 2：我们发布一篇文章，第一步填写标题和内容，第二步设置定时任务，第三步设置文章打赏规则。

针对这些情况，一般做法也是在业务方法内进行 `if-else` 判断，如果是第一步，则执行第一步的业务，如果是第二步，则执行第二步的业务，这种方式同场景 1 一样，代码也比较难看。

对于这样的场景，我们同样可以使用设计模式来实现，因为每一步都是有关联的，执行完第一步，才能执行第二步，执行完第二步才能执行第三步，它很像一个链条将它们连接起来，所以很容易想到可以采用责任链模式。

下面请看具体的实现：

```java
public abstract class Handler {
    protected Handler handler;
    public void setHandler(Handler handler) {
        this.handler = handler;
    }
    public abstract void handleRequest();
}
public class StepOneHandler extends Handler {
    @Override
    public void handleRequest() {
        if(this.handler != null){
            this.copy(this.handler);
            this.handler.handleRequest();
        }else{
            //执行第一步的方法
        }
    }
}
public class StepTwoHandler extends Handler {
    @Override
    public void handleRequest() {
        if(this.handler != null){
            this.copy(this.handler);
            this.handler.handleRequest();
        }else{
            //执行第二步的方法
        }
    }
}
public class HandlerFactory {
    public static Handler create(int step){
```

```
            Handler handler = null;
            switch (request.getStep()){
                case 1:
                    handler = new StepOneHandler();
                    break;
                case 2:
                    Handler stepTwoHandler = new StepTwoHandler();
                    handler.setHandler(stepTwoHandler);
                    break;
                default:
                    break;
            }
            return handler;
    }
    public static void main(String[] args) {
        //step 表示当前第几步
        Handler handler = HandlerFactory.create(step);
        handler.handleRequest();
    }
}
```

业务类传入一个 step，通过 HandlerFactory 实例化 handler，通过 handler 就可以执行指定的步骤。同样地，增加一个步骤，业务类无须任何变动。

- **场景 3：多重循环改造**

有些时候，我们会使用多重循环。如果直接在业务方法里写，看着很不优雅，就像这样：

```
for (int i = 0;i < list.size();i++){
    for (int j = 0;j < list.size();j++){
        for (int k = 0;k < list.size();k++){

        }
    }
}
```

我们可以将其进行封装改造，把循环细节封装起来，只将一些方法展现给业务：

```
public class Lists {

    public static void main(String[] args) {
        List<Object> list1 = new ArrayList<>();
        list1.add("1");
        list1.add("1");
```

```java
        List<Object> list2 = new ArrayList<>();
        list2.add("2");
        list2.add("2");
        List<Object> list3 = new ArrayList<>();
        list3.add("3");
        list3.add("3");
        //通过这样的方式，使代码更加优雅，更加清晰，调用方无须理解循环细节
        Lists.forEach(list1,list2,list3).then(new Each() {
            @Override
            public void loop(Object... items) {
                System.out.println(items[0]+"\t"+items[1]+"\t"+items[2]);
            }
        });
    }

    private List[] lists;

    public static class Builder{
        private List[] lists;

        public Builder setLists(List[] lists){
            this.lists = lists;
            return this;
        }
        //通过构建者实例化 Lists 类
        public Lists build(){
            return new Lists(this);
        }
    }

    private Lists(Builder builder){
        this.lists = builder.lists;
    }

    /**
     *
     * @param lists
     * @return
     */
    public static Lists forEach(List...lists){
        return new Lists.Builder().setLists(lists).build();
    }

    public void then(Each each){
```

```
            if(null != lists && lists.length > 0){
                List list1 = lists[0];
                for (int i = 0;i < list1.size() ;i++){
                    List list2 = lists[1];
                    for(int j = 0;j < list2.size();j++){
                        List list3 = lists[2];
                        for(int k = 0;k < list3.size();k++){
                            each.loop(list1.get(i),list2.get(j),list3.get(k));
                        }
                    }
                }
            }
        }
    //设置观察者
    public interface Each{

        void loop(Object...items);

    }
}
```

上面的 main 方法就是我们实现业务时调用的方法，可以看出，我们将循环细节封装到 List 里面，使调用方的代码更加优雅。

此场景用到的设计模式有：构建者模式、观察者模式。

- 场景 4：再见吧！if-else

在实际应用中，我们看到最多的代码便是 if-else，这样的代码在业务场景中出现太多的话，看着就不优雅了。前面的场景其实已经多次将 if-else 用设计模式替换，在本场景中，我将会用新的设计模式来替换讨厌的 if-else，那就是策略模式。

通俗点讲，策略模式就是根据不同的情况，采取不同的策略，我们把它转化成 if-else，即：

```
if(情况 1){
    执行策略 1
}else if(情况 2){
    执行策略 2
}
```

我们用策略模式该怎么实现呢，请看代码：

```
public interface Strategy {
```

```java
    /**
     * 策略方法
     */
    void strategyInterface();
}
public class ConcreteStrategyA implements Strategy{

    @Override
    public void strategyInterface() {
        System.out.println("实现策略1");
    }
}
public class Context {

    //持有一个具体策略的对象
    private Strategy strategy;
    /**
     * 构造函数，传入一个具体策略对象
     * @param strategy    具体策略对象
     */
    public Context(Strategy strategy){
        this.strategy = strategy;
    }
    /**
     * 策略方法
     */
    public void contextInterface(){
        strategy.strategyInterface();
    }
    public static void executeStrategy(int type){
        Strategy strategy = null;
        if(type == 1){
            strategy = new ConcreteStrategyA();
        }
        Context context = new Context(strategy);
        context.contextInterface();
    }

    public static void main(String[] args) {
        Context.executeStrategy(1);
    }
}
```

这样我们就避免了在业务场景中大量地使用 if-else 了。

接下来，我将告诉大家一些 Java 编程的小技巧，利用这些技巧，可以避免一些低级 bug，也可以写出一些优雅的代码。

3. Java 编程实用技巧

- **重写方法务必加上 @Override**

我们在集成一个类时，可能会重写父类方法，大家务必加上 @Override 注解，请看下面的代码：

```
public class Parent {
    public void method(int type){
    }
}
public class Son extends Parent{
    public void method(String type) {
    }
}
```

我们的本意是要重写 method，但是参数类型写错了，于是变成了重载，这种情况编译器不会报错，如果我们加上 @Override，编译器会报错，这样就能马上发现代码的错误，从而避免运行一段时间导致的 bug。

- **警告比错误更可怕**

为什么这样说呢？我们马上就能发现错误，而且如果是编译时错误，都无法运行，但是警告并不影响编译和运行，举个例子：

```
int i = 0;
for(int j = 0;j < 10;j++){
}
```

代码本意是 for 循环用参数 i，却写成了 j，这时编译不会报错，但是 IDE 会给出警告，如图 A-5。

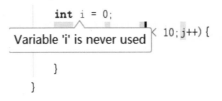

图 A-5 代码示例

它告诉我们 i 这个变量没有使用到，如果忽略警告，那么很可能运行一段时间出现致命性的 bug。只要我们重视警告，检查代码，马上就能发现错误。

- **尽量使用枚举类型**

在开发数据库项目时，经常会有一些具有固定值的字段，如状态、类型、性别等，一般我们会用数字表示。在业务中，也会经常判断，比如状态为 1 时执行什么操作，如果直接这样写数字，必须要写注释，否则很难懂。类似这种字段，尽量封装成枚举类型，如：

```java
/**
 * 验证码类型（1、注册 2、验证码登录 3、修改密码 4、忘记密码）
 */
public enum CaptchaType {

    /**
     * 注册
     */
    REGISTER(1),
    /**
     * 验证码登录
     */
    CAPTCHA(2),
    /**
     * 修改密码
     */
    UPDATE_PASSWORD(3),
    /**
     * 忘记密码
     */
    FORGET_PASSWORD(4);

    private int type;

    CaptchaType(int type){
        this.type = type;
    }

    public int getType() {
        return type;
    }
}
```

我们在使用时直接调用枚举，可读性增加了，也利于扩展。

- **优秀的代码比注释更重要**

小王是公司的 Android 开发工程师,在开发应用时,封装了一些常量,用于提示语。架构师在代码审查时发现,变量命名很不容易理解,如:

```
String MSG01 = "网络有问题,请检查网络设置!";
```

很明显,这样的代码是不可取的,如果换成一个可读变量名是不是更清晰呢?比如:

```
String NET_CONNECT_ERROR = "网络有问题,请检查网络设置!";
```

- **坚持单一职责原则**

这个原则很好理解,即一个方法只做一件事,如果一个方法做了太多的事,请考虑重构此方法,合理运用类似上面提到的设计模式。

- **equals 判断时常量放在前面**

下面对两种代码进行比较:

```java
if("1".equals(type)){}
if(type.equals("1")){}
```

如果变量放在前面,一旦变量为 null,则会出现空指针异常,但是常量放在前面,则不会出现空指针异常。

- **谨慎使用位运算**

网络上经常在说,位运算效率高。事实真的如此吗?我们不妨做个测试:

```java
long start = System.currentTimeMillis();
for (int i = 0;i < 1000000;i++){
    int sum = i * 2;
}
long end = System.currentTimeMillis();
System.out.println((end - start)+"ms");
start = System.currentTimeMillis();
for (int i = 0;i < 1000000;i++){
    int sum = i >> 1;
}
end = System.currentTimeMillis();
System.out.println((end - start)+"ms");
```

以上代码，分别测试了 1 万次、10 万次和 100 万次，得出的结论是 1 万次速度一样，10 万次和 100 万次只相差 2 毫秒。如今计算机性能越来越好，利用位运算和四则运算效率相差太小，而位运算的可读性非常低，除非有详细的注释，否则一般人很难看懂。

因此，尽量少用位运算。当然有些场景是避免不了的，比如密码生成、图像处理等，但实际应用中，我们很少自己写这类算法。

- 避免使用 float 和 double 进行精确计算

我们如果要精确计算浮点数，切记不要用 float 和 double，它们的计算结果往往不是你想要的，比如：

```
double a = 11540.0;
double b = 0.35;
System.out.println(a * b);
```

计算结果为：

```
4038.9999999999995
```

精确计算时需要使用 BigDecimal 类，如：

```
double a = 11540.0;
double b = 0.35;
BigDecimal a1 = new BigDecimal(a+"");
BigDecimal b1 = new BigDecimal(b+"");
System.out.println(a1.multiply(b1));
```

这样就能得出精确的值：

```
4039.000
```

- 优先考虑 Lambda 表达式

Java 8 为我们带来了 Lambda 表达式，也带来了集合的流式运算。Java 8 以前，我们循环集合是这样的：

```
for (int i = 0;i < list.size() ;i++){

}
```

Java 8 以后，我们可以这样做：

```
list.stream().forEach(item -> {
    //TODO 编写你的代码
});
```

通过集合的流式操作，我们可以很方便地过滤元素、分组、排序等，如：

```
//表示筛选元素不为 null 的数据
list.stream().filter(item -> item != null).forEach(item -> {

});
//集合排序
list.stream().sorted(((o1, o2) -> {
    return o1 > o2;
}));
```

而且通过 Lambda 表达式，我们还可以实例化匿名类，如：

```
new Thread(()->{
    //TODO 编写你的代码
}).start();
//上下两段代码是一样的效果
new Thread(new Runnable() {
    @Override
    public void run() {

    }
}).start();
```

可以看出，使用 Lambda 表达式，让我们的代码更加简洁，也更加优雅。[1]

---

[1] 文章最初发表于：https://gitbook.cn/gitchat/activity/5b56f11d8e75cc187a5b8e38。

附录 B

IDEA 插件之 Alibaba Cloud Toolkit

附录 B　IDEA 插件之 Alibaba Cloud Toolkit

我们在开发阶段编写接口和进行本地测试比较简单，直接在 IDEA 内启动即可。但是一个项目往往由多人合作开发，让前端开发者直接连接后端人员的本地接口很不方便，因此就需要部署到测试服务器上。然而，后端人员在开发一个新功能后需要频繁地进行测试，每次都手动发布比较麻烦，为了减少工作量，我们需要考虑自动化部署。

前面章节讲到了可以用 Jenkins 实现自动部署，这是一种思路，本附录将为读者介绍另一种思路，那就是利用 IDEA 插件——Alibaba Cloud Tookit。

根据名字，我们大概就能猜到，Alibaba Cloud Tookit 是阿里巴巴推出的一个插件，同时支持 IDEA 和 Eclipse。利用它，我们可以在 IDEA 内轻松实现服务器登录、文件上传、自动化脚本执行等操作。

虽然该插件是阿里巴巴官方推出的，但它不仅适用于阿里云的 ECS 服务器，还适用于任何支持标准 SSH 协议的机器。

1. Alibaba Cloud Tookit 安装

Alibaba Cloud Tookit 插件的安装也很简单，同 lombok 安装方式一样，在 IDEA 插件仓库中搜索 Alibaba Cloud Tookit，如图 B-1 所示。

图 B-1　插件安装图

插件安装并重启 IDEA 后，我们将在工具内看到如图 B-2 和图 B-3 所示的界面。

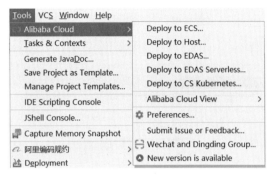

图 B-2　插件安装成功 1

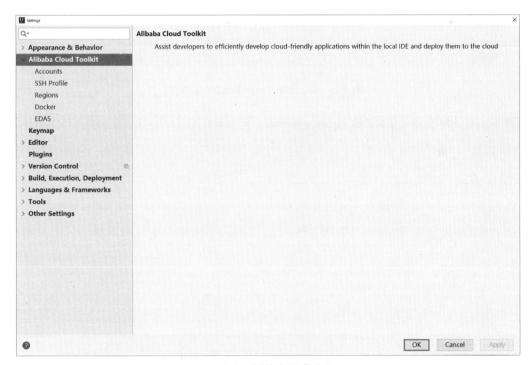

图 B-3　插件安装成功 2

2. Alibaba Cloud Tookit 使用

Alibaba Cloud Tookit 可以实现服务器远程连接、文件上传、脚本执行等功能，本节将依次介绍怎样使用这几个重要功能。

● 任意 Linux 服务器的操作

如图 B-4 所示，依次点击 Tools→Alibaba Cloud→Alibaba Cloud View→Host，会出现如图 B-5 所示的界面。

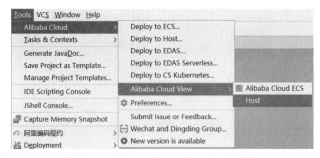

图 B-4　Alibaba Cloud Toolkit 的使用

图 B-5　Alibaba Cloud Toolkit 主界面

然后点击 Add Host 可以添加你的 Linux 服务器，如图 B-6 所示。

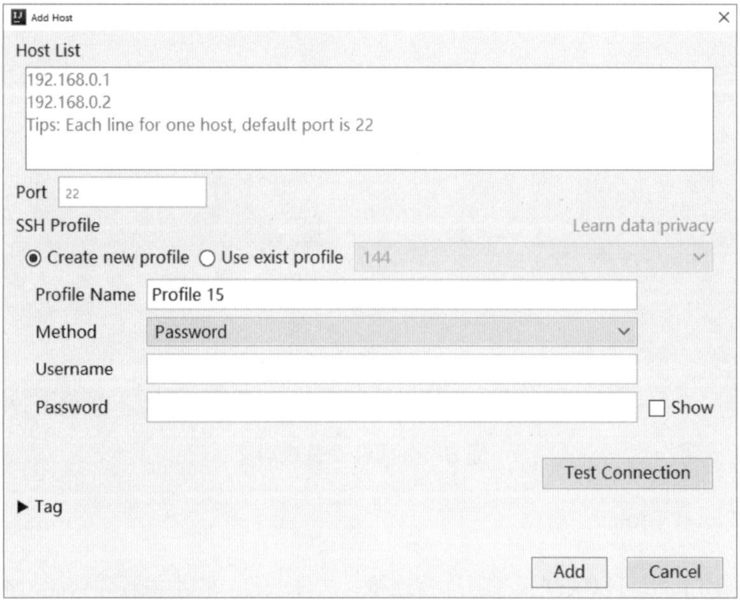

图 B-6　Host 添加界面

依次输入 Host List（服务器 IP 地址），如果有多个服务器并且账号密码相同，可以在批量添加多个 IP（需要回车）、Port（SSH 连接端口，默认为 22）、Username（服务器登录账号）、Password（服务器登录密码）后，点击 Add 即可添加服务器信息，如图 B-7 所示。

图 B-7　Alibaba Cloud Toolkit 的 Host 列表

之后可以看到右边有 4 个按钮，其中 Upload 表示可以上传文件到服务器，Terminal 表示进入远程服务器终端界面，Properties 表示可以修改当前服务器信息，Remove 表示删除当前添加的服务器。

- **自动部署应用到 ECS**

如果你使用的是阿里云的 ECS 服务器，那么恭喜你，发布应用将变得非常简单，甚至不需要知道服务器密码就能完成应用部署。下面是操作步骤。

（1）依次点击 File→Settings→Alibaba Cloud Toolkit→Accounts，进入如图 B-8 所示的界面。

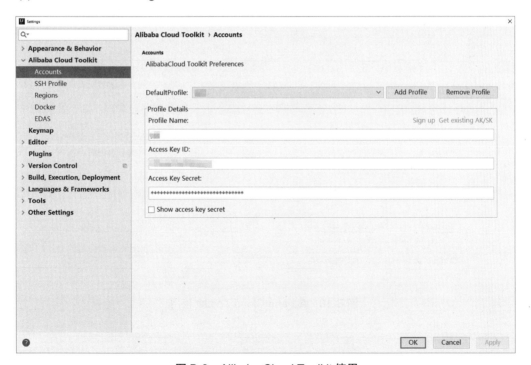

图 B-8　Alibaba Cloud Toolkit 使用

输入 Profile Name（可任意输入）、Access Key ID（阿里云账户生成）、Access Key Secret（阿里云账户生成）后点击 OK。

(2) 右击项目工程，依次点击 Alibaba Cloud→Deploy to ECS 可以进入 ECS 发布界面，如图 B-9 所示。

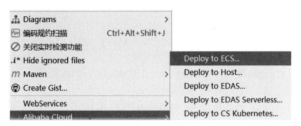

图 B-9　Alibaba Cloud Toolkit 使用

然后按照如图 B-10 所示的操作步骤，点击 Run 即可完成应用的自动部署。

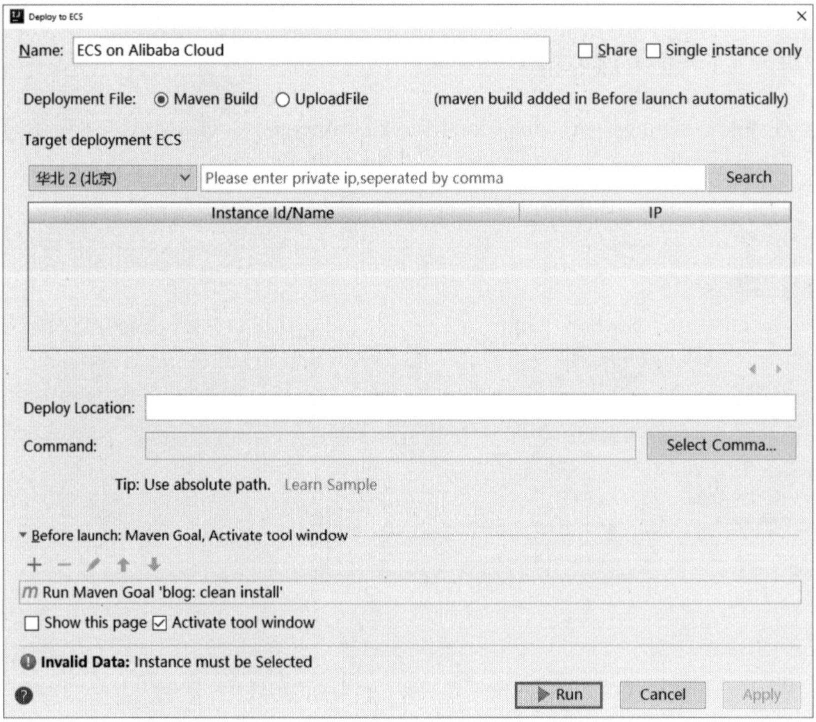

图 B-10　Alibaba Cloud Toolkit 使用